行家宝鉴

Precious Appreciation

寿山石之奇降石 汶洋石

王一帆 著

海峡出版发行集团 | 福建美术出版社
THE STRAITS PUBLISHING & DISTRIBUTING GROUP | FUJIAN FINE ARTS PUBLISHING HOUSE

图书在版编目（CIP）数据

寿山石之奇降石　汶洋石 / 王一帆著 . -- 福州 : 福建美术出版社 , 2015.6

（行家宝鉴）

ISBN 978-7-5393-3365-6

Ⅰ . ①寿… Ⅱ . ①王… Ⅲ . ①寿山石 – 鉴赏②寿山石 – 收藏

Ⅳ . ① TS933.21 ② G894

中国版本图书馆 CIP 数据核字 (2015) 第 144988 号

作　　者：王一帆

责任编辑：郑婧

寿山石之奇降石 汶洋石

出版发行：海峡出版发行集团

福建美术出版社

社　　址：福州市东水路 76 号 16 层

邮　　编：350001

网　　址：http://www.fjmscbs.com

服务热线：0591-87620820（发行部）　87533718（总编办）

经　　销：福建新华发行集团有限责任公司

印　　刷：福州万紫千红印刷有限公司

开　　本：787 毫米 ×1092 毫米　　1/16

印　　张：7

版　　次：2015 年 8 月第 1 版第 1 次印刷

书　　号：ISBN 978-7-5393-3365-6

定　　价：68.00 元

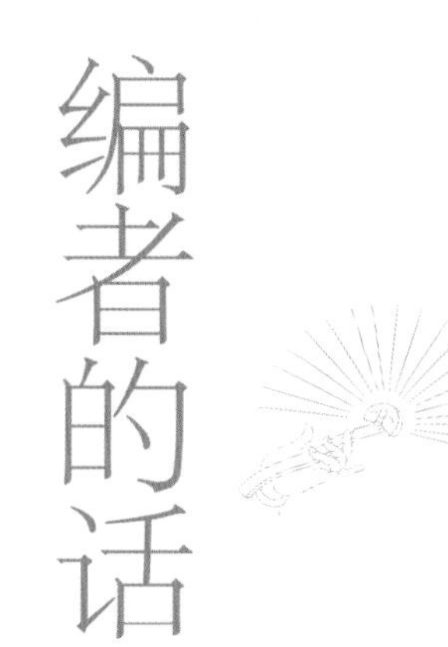

编者的话

这是一套有趣的丛书。翻开书，丰富的专业知识让您即刻爱上收藏；寥寥数语，让您顿悟收藏诀窍。那些收藏行业不能说的秘密，尽在于此。

我国自古以来便钟爱收藏，上至达官显贵，下至平民百姓，在衣食无忧之余，皆将收藏当作怡情养性之趣。娇艳欲滴的翡翠、精工细作的木雕、天生丽质的寿山石、晶莹奇巧的琥珀、神圣高洁的佛珠……这些藏品无一不包含着博大精深的文化，值得我们去了解、探寻和研究。

本丛书是一套为广大藏友精心策划与编辑的普及类收藏读物，除了各种收藏门类的基础知识，更有您所关心的市场状况、价值评估、藏品分类与鉴别以及买卖投资的实战经验等内容。

喜爱收藏的您也许还在为藏品的真伪忐忑不安，为藏品的价值暗自揣测；又或许您想要更多地了解收藏的历史渊源，探秘收藏的趣闻轶事，希望这套书能够给您满意的答案。

Precious Appreciation

行家宝鉴

寿山石之奇降石 汶洋石

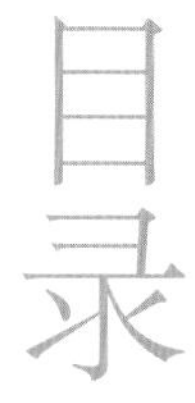

寿山石选购指南

寿山石的品种琳琅满目，大约有 100 多种，石之名称也丰富多彩，有的以产地命名，有的以坑洞命名，也有的按石质、色相命名。依传统习惯，一般将寿山石分为田坑、水坑、山坑三大类。

寿山石品类多，各时期产石亦有所不同，对于其品种之鉴别，须极有细心与耐心，而且要长期多观察与积累经验。广博其见闻，比较分析其肌理、石性等特质。比如，同样是白色透明石，含红色点的称“桃花冻”，而它又有水坑与山坑之别，其红点之色泽、粗细、疏密与石性之变化又各有不同，极其微妙。恰恰是这种微妙给人带来乐趣，让众多爱石者痴迷。

正因为寿山石品类多，变化大，所以石种品类的优劣悬殊也大，其价值也有天壤之别。因此对于品种及石质之辨别极为重要。

石性	质地	色彩	奇特	品相
识别寿山石的优劣、价值，不外石性、质地、色泽、品相、奇特等方面。有人说，寿山石像红酒，也讲出产年份。一般来讲，老坑石石性稳定，即使不保养，它也不会有像新性石因水分蒸发而发干并出现格裂的现象，所以老性石的价格比新性石高。	细腻温嫩、通灵少格、纯净有光泽者为上。	以鲜艳夺目、华丽动人者为上，单色的以纯净为佳。	纹理天然多变，以奇异为妙。	石材厚度宜适中，切忌太厚，以少格裂为好。

当然，每个人在收集、购买寿山石时，都会带有自己的想法和选择：有的单纯是为了观赏，有的是为了保值增值而做的投资，有的甚至只为了满足猎奇的心理，或者兼而有之，各人都有自己的道理。但购买时要懂得一些寿山石的常识，不要人云亦云、跟风或者贪图小便宜。世上没有无缘无故的便宜货，天上不会掉下馅饼，卖家总是心知肚明，买家需要的则是眼力。如果什么都不懂就胡乱购买一通，那就可能如人说的“一买就受伤，当个冤大头”。

寿山石是不可再生资源，随着时间的推移，一定会越来越珍贵。所以每个爱石者若以自己个人的爱好和经济能力收藏寿山石，一定是件愉悦的事，既可以带来美的享受，又能有只升不跌的受益，何乐而不为呢！

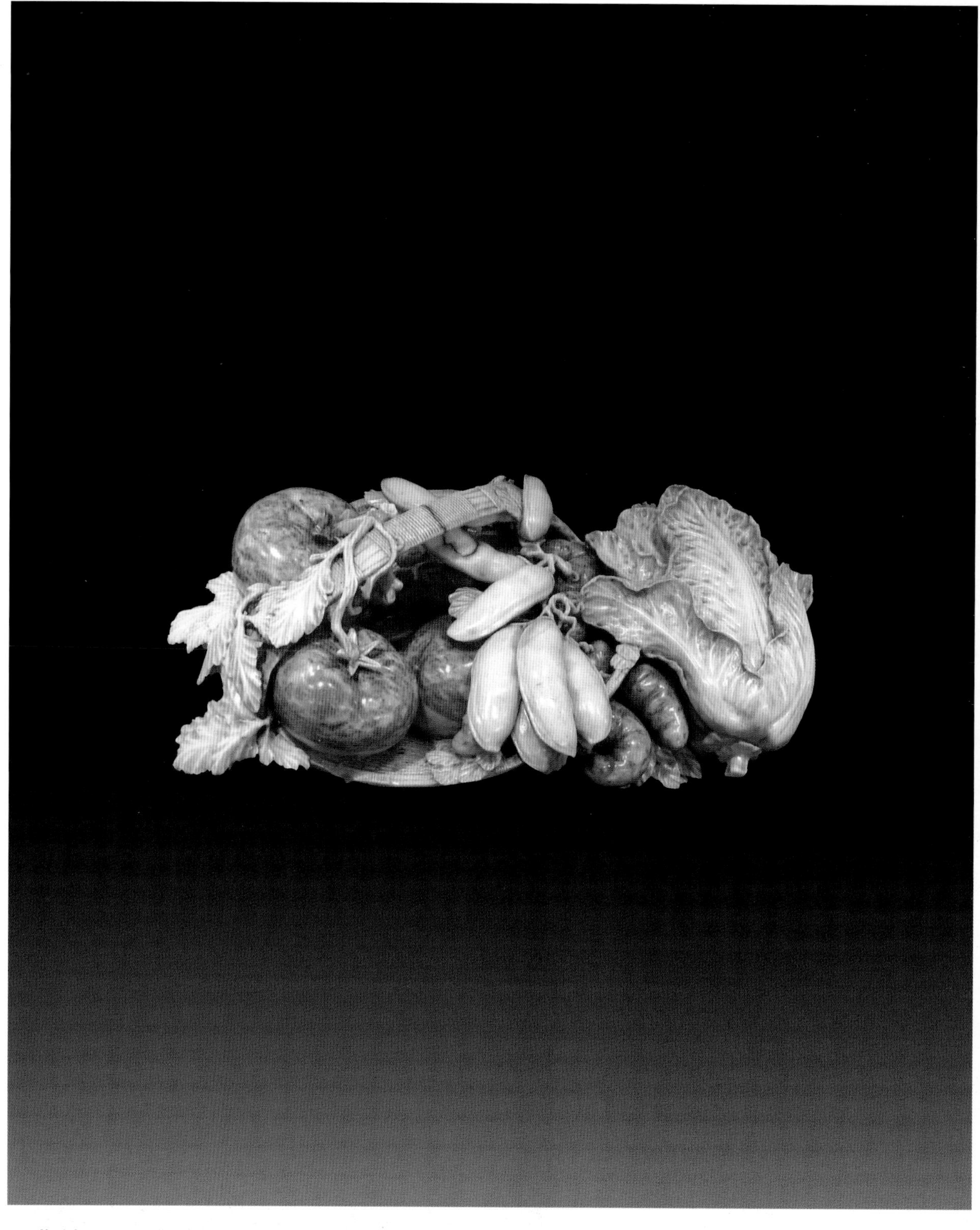

蔬果盘 · 冯久和 作
奇降石

曲水流觞 · 郭功森 作

奇降石

吹群羊·林炳生 作
老性奇降石

云龙杯 · 周宝庭 作
奇降石

元龟·逸凡 作
汶洋石

十螭五福犀角杯

奇降石

送子观音 · 林志峰 作
黄枣冻石

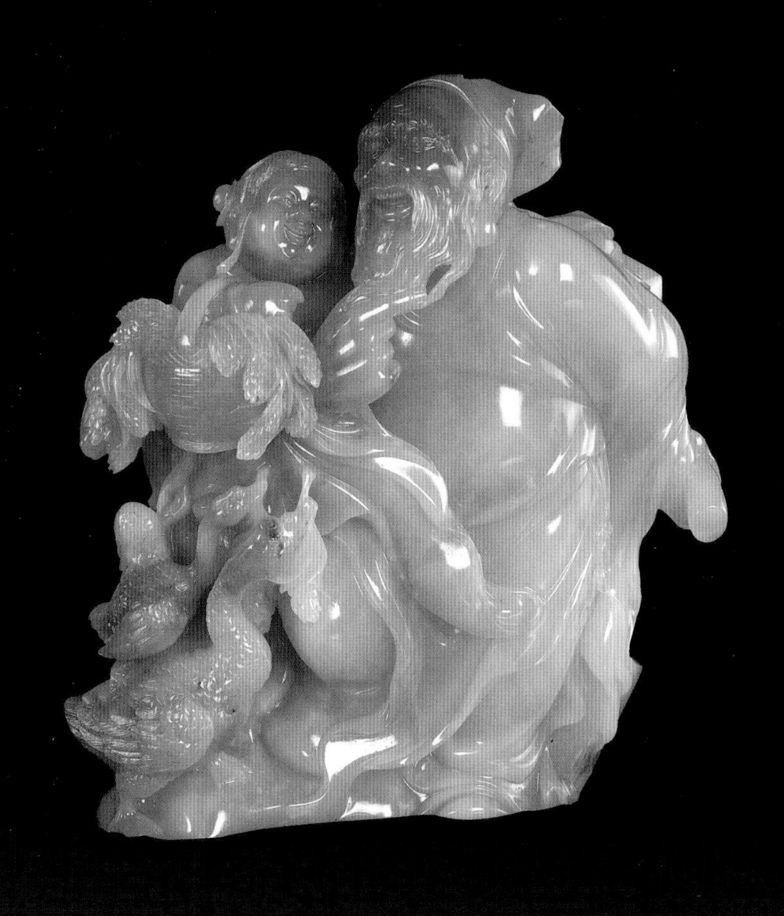

爱鹅·林元康 作
黄枣冻石

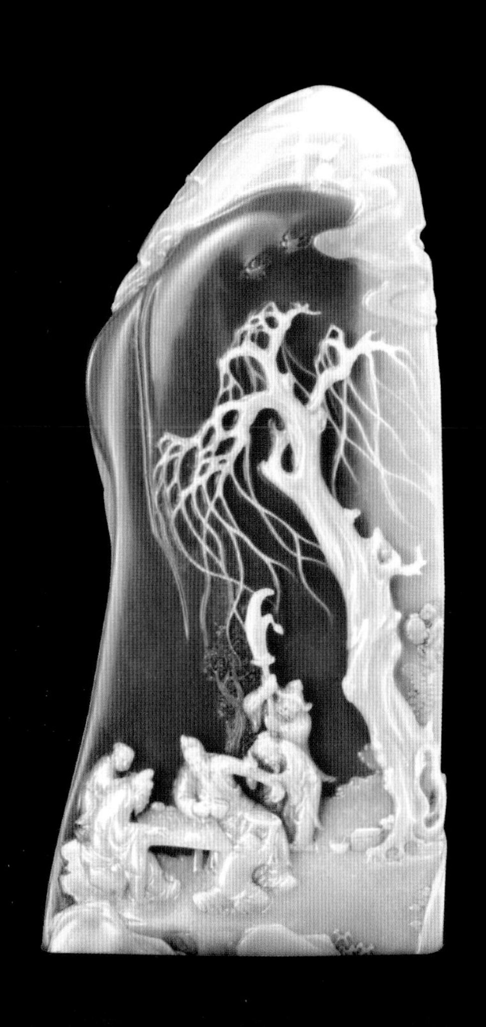

刮骨疗伤 · 叶子贤 作
银裹金奇降石

第一节

奇降石的开采

奇降石在寿山石中属山坑石的一个品类，出产于寿山村北面的奇艮山（又名奇降山、奇岗山）。

奇艮山的矿脉为倾斜状石层，顺着山峰的坡度延伸，奇降石矿的发现有着这样一个故事：很久以前，一位黄姓的寿山村民来到地处偏远的奇艮山砍柴。累了，就在山坡上一处比较平的地方蹲着歇息。刚要拿出烟杆装烟，觉得蹲的地面很滑，险些跌倒，情急之时顺手操起砍柴刀用力地撑在地上，令他欣喜的是地上的岩石表面出现了一道白痕。这位石农马上意识到这是一处裸露地表的矿苗，就又用柴刀砍和挖，仔细观察矿苗的石质和色泽，暗暗庆幸自己在这深山老林砍柴交上了好运，发现了上好的寿山石矿脉。他一边想着自己私下如何采石，一边挑着柴薪，满怀欣喜地回家去。

黄姓石农回家后，对外秘而不宣，与家人暗中筹备，第二天趁着凌晨将采矿工具运进山中，不动声色地开起矿来。过了一段时间，黄家渐渐地富裕起来，村民感到奇怪，询问何以致富，他总是笑而不答，每天照例早出晚归。有人好奇，就暗中跟踪想探个究竟，跟到奇艮山，当然秘密就藏不住了。黄姓石农靠采石发财的消息一经传开，许多石农也相继到奇降山来采宝，从此奇降石开始在民间流传。但因没具体文字，所以无法确认究竟发生在什么年代。真正有记载的是 1947 年寿山石农王财修在奇艮山挖洞采石，不知黄姓者是否就是王姓石农，不过这无关紧要。

上世纪50年代初，寿山村王盛普、王忠香两位石农合股在奇艮山开洞，因洞口朝向正对着此地小村庄族长家的墓地而遭当地村民攻击，故被迫封掉。

上世纪50年代末，寿山村民黄其杭另找石脉开采，出了一批黄白“软性”、质地上乘的奇降石，称该洞为“其杭洞”。后王盛本也来此挖洞开采，称此洞为“盛本洞”。也出了一批奇降石，石色也以黄、白居多，石性也不错，可惜石多间杂有花生糕。

上世纪60年代中期至70年代期间，停开一段时间。

上世纪80年代，黄日福等人又相继开采矿洞，称“日福洞”。

采用机械化开采手段后，奇降矿洞边缘过去不被石农重视的焓红石亦被大量开采，其色泽基本以白色为主，间有红色、黄色，焓红石大部分都有晶体出现，纯洁者难得。

老奇降洞

上世纪 80 年代和 90 年代，奇降洞大量出石，目前老矿脉基本已开采罄尽，新矿脉尚未找到，所以奇降石的价格也一路上涨。

奇降山有许多矿洞点，笔者最后一次到奇降山是在 2002 年，山坡上的岩石中有个狭长的小洞口，石农告诉笔者这是最古老的矿洞，山上倾泻而下的石渣已使它面目全非。也许这就是当年黄姓石农的原始洞，可惜现在已被石渣完全覆盖了。

大部分老矿洞已无石可采，都处于荒废状况，只有出产著名的李红奇降石的洞坑还保留着，虽也没矿线了，但还不时有人进洞扒渣。走进洞中，开始觉得幽暗狭小，不久豁然一亮，眼前呈现一个庞大的洞体，阳光从洞顶上的“洞天”直射洞内。地面上有一泓清水，估计是不久前下大雨而积留下来的。大洞与周围几个支洞相通，其形状俨然一只巨大的螃蟹。石农说，这个洞的矿脉是从山顶往下的，所以凿通了洞天，顺着矿脉的分支又凿了支洞，互相交叉，四通八达，犹如螃蟹的脚。而后石农又发现有矿脉钻入地层，于是又凿了深坑，形成了洞中的水池。

1987 年发现娇艳的李红奇降石时，许多石农加入开采，场面如火如荼，如今停产已久，洞中出奇的寂静。笔者去的时候正是盛夏，洞外三伏酷暑，而洞内却十分清爽阴凉，从洞天吹下来的一阵清风，被各个支洞丝丝吸去，更给人舒心惬意的感觉。抬头见到洞天上白云朵朵，俯首看清澈如镜的池水幽深如隔世，别有洞天。

寿山石顺脉开采，有一线矿脉就有一线希望，这个奇降洞就是一个典型的例子。而矿洞中有洞天和池水，洞中还套着许多支洞，这在寿山的其它坑洞中绝无仅有，这也是“螃蟹洞”的一大奇观。

奇降石过去一般都称之“旗降石”，而现在统一标准名称都写为“奇降石”。为什么要把“旗”改为“奇”？这因一个小故事而起。多年前某位老总委派部下选购一件“寿山石雕”作品，其部下到专业的寿山石雕生产单位挑选，结果选中了一件旗降石雕刻的“寿翁”，于是付了钱高兴地拿着作品回去让老总过目。老总看了作品，对石色、石质、题材都十分满意，顺口问道这是什么品种石呢，部下回答“是旗降石”，老总一听不悦了：“买什么石种不好，怎么买了旗降石，不要，退了！”见部下一头雾水，老总便说：“你看，旗降旗降，旗都降下了，多不吉利！”第二天，这件成交的作品就退还了原单位。笔者正好见证了此事，想想也对，消费者买东西，有时是有忌讳的。旗降山古时也就有奇艮山称谓，何不把“旗”改为“奇”？“奇降”有“奇迹降临”之意，如此一来，寓意不就很好吗?

于是笔者在参加寿山石品种名称统一标准制订时，提出更改“旗降石”为“奇降石”，得到与会专家的认同。从此“旗降石”就成了“奇降石”。

第二节

奇降石的品种与特征

奇降石质地细腻脂润，因石性凝结，所以大部分不透明，是寿山石中韧性最强的品种。正是由于韧性强，所以艺人们雕刻奇降石的难度最大。艺人在挥动木槌敲击卡凿凿坯时，卡凿经常会因这种韧性弹跳而出，修光时这种特性更加明显，刀下的石粉会成片状卷起，类似刨木卷起的碎木屑。尽管运刀比较费力，却有一种舒畅感与节奏感。过去从师学习寿山石雕，一般要两年以上的基本功训练，修光刀法比较熟练后，师傅才会将奇降石作品交给艺徒修光。奇降石修光的刀痕、刀路、刀法走向十分清晰，最容易看出刀法技艺的水平，因此也最便于师傅作示范与指点。如果雕刻者刀法功力精深，奇降石是最好的用武之地，可以随心发挥刀法的各种变化，如行云流水，婉转流畅，艺人谓之“如水流过一样”，别有一番韵味。所以过去业内有“奇降石是检验刀法的‘试金石’”的说法。

奇降石的色泽很丰富，以黄色为主基调，有黄、红、白、紫、紫黑、灰等色，或单色，或二三色相间。色泽深浅有变化，或浓或淡，相互辉映，有些奇降石的肌理中含有“花生糕”，有些有红筋纹。

吉利钮方章
奇降石

由于奇降石几个矿洞所出产石材的质地与色泽相似，所以奇降石不以矿洞而以石性和色泽区别品种。

按石性分有：

软性奇降石、老性奇降石、新性奇降石和硬性奇降石等四种。

软性奇降石：

石材块度多不大，石性细嫩，质地凝腻，微透明而富有光泽。色泽以黄为主，间有白色。美中不足是常见“花生糕”混杂石中。

狮子如意 · 逸凡 作
老性结晶奇降石

老性奇降石：

即 20 世纪 80 年代之前出产的奇降石，其质地细嫩凝结，色泽美丽，比较纯洁，杂质少。石材一般不大，石性稍软，色泽以黄为主，间有白色，美中不足是常见“花生糕”混杂石中。

枫桥夜泊 · **林寿煁** 作
老性奇降石

新性奇降石:

1990年以后断断续续出产一些奇降石,石性稍坚,质地、色泽、纯洁度都稍逊于老性奇降石。有的类似焓红石质，但黄色部分明显比焓红石好。

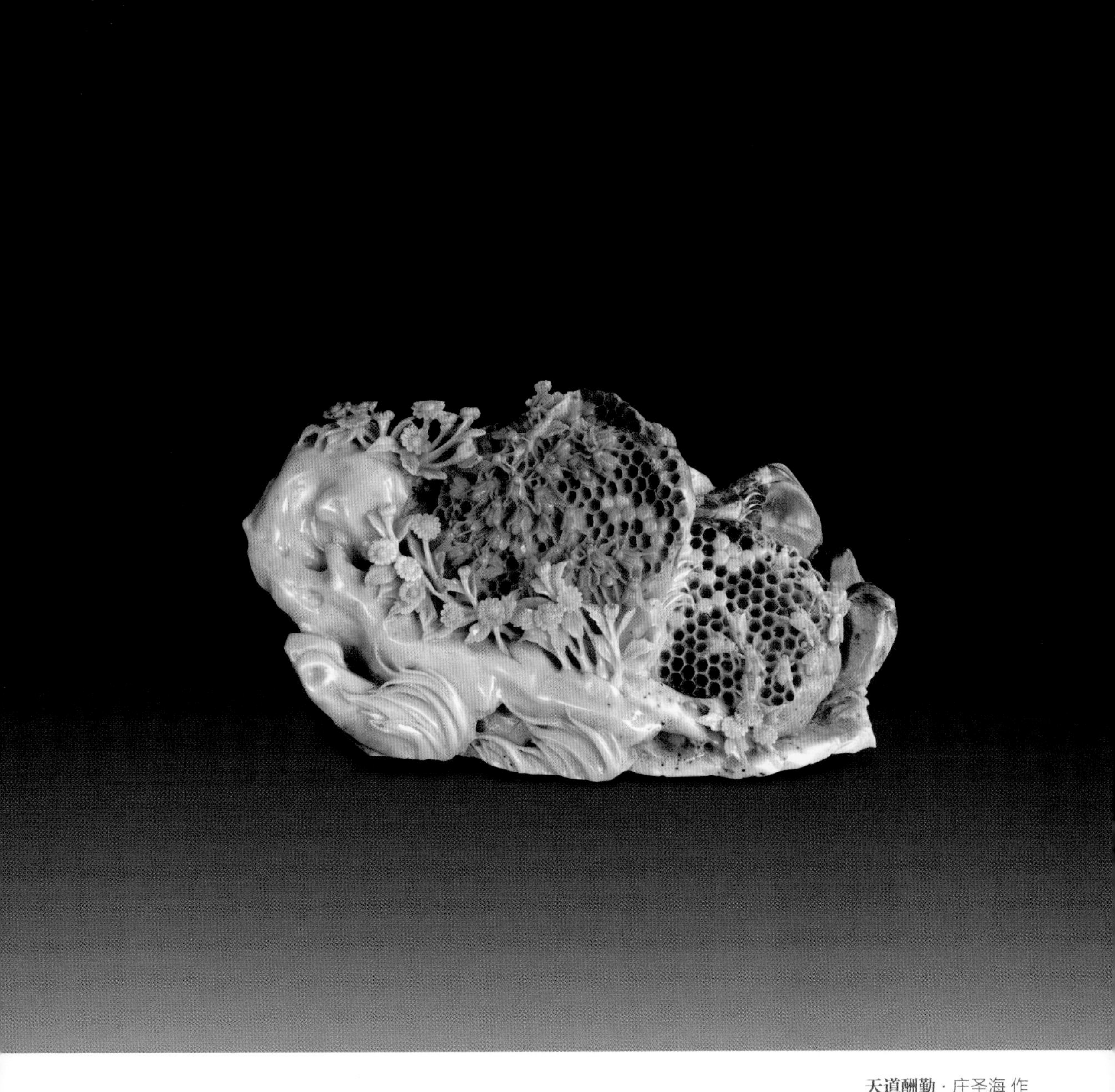

天道酬勤 · 庄圣海 作
新性奇降石

玉米老鼠 · 逸凡 作
新性奇降石

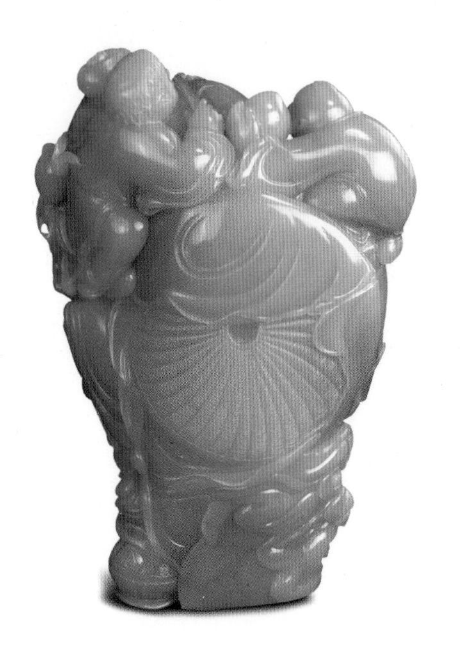

仁者寿·刘丹明（石丹）作
软性奇降石

伯乐相马 · 陈文斌 作
奇降石

硬性奇降石：

石性比软性奇降石坚，石质燥、粒粗，接近于焓红石。

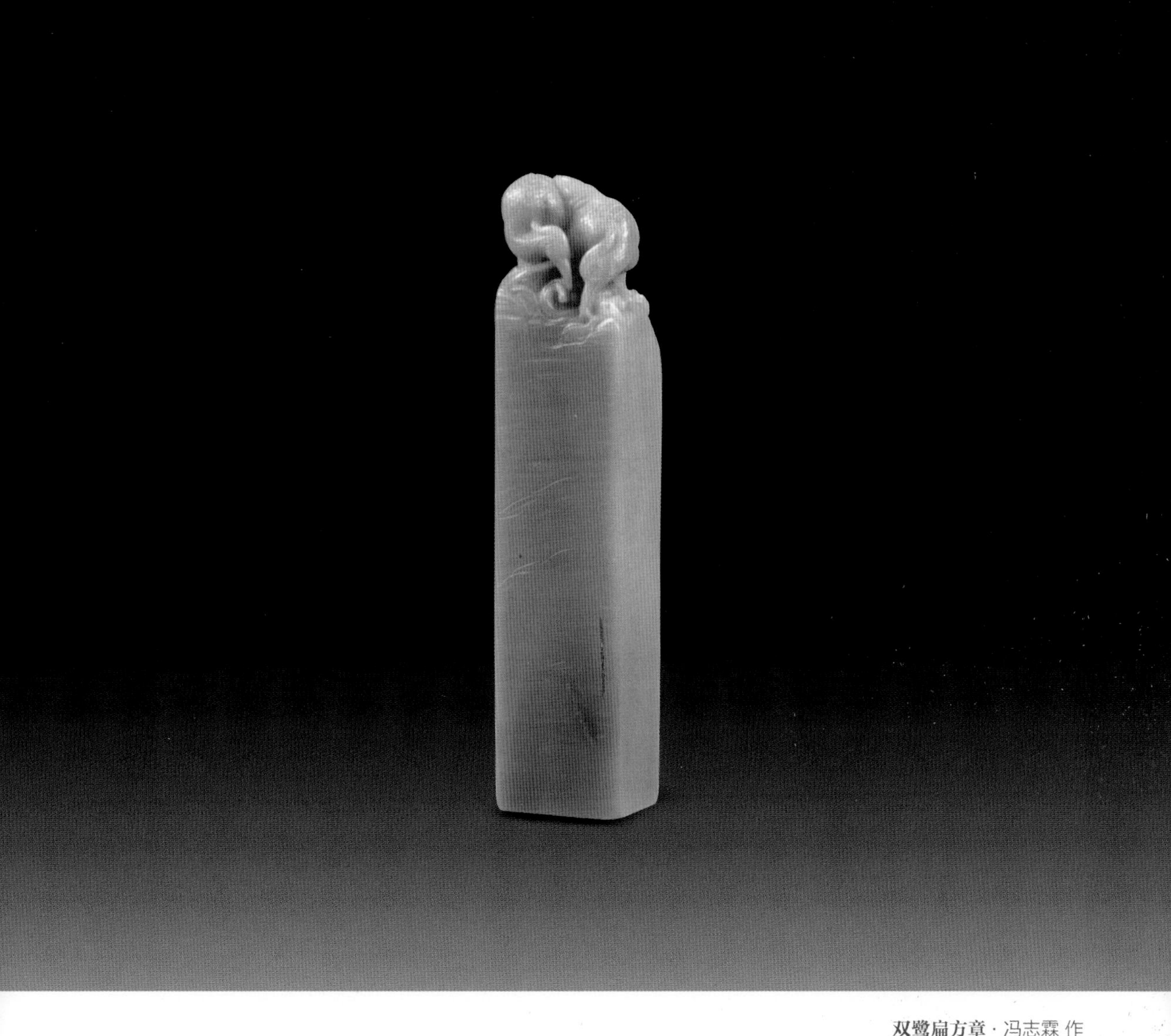

双鹭扁方章·冯志霖 作
黄奇降石

按色泽色相分有：

黄奇降、红奇降、李红奇降、白奇降、紫奇降、彩虹奇降、灰奇降、花奇降和银裹金奇降石等。

黄奇降石：

奇降石一般呈黄色，依其色相浓淡深浅，古人喻之“黄如秋葵”“黄近蜜蜡”“黄如杏之初熟”。有的黄色中透出微红，犹如淑女的肌肤，有的黄色中含有朵朵或大或小的红斑，如点点落红，有些含有灰白色的砂块。

福荫子孙 · 叶子贤 作
李红奇降石

李红奇降石：

于上世纪 80 年代末 90 年代初问世，是奇降石中的上乘品种。其红色部分如成熟的李果那样红艳似火，产量不多，纯红色者少，多间有黄色和白色，色界分明。石中时夹有细小的紫色“花生糕”，质地特别细腻者边缘呈微透明状，最为珍罕。

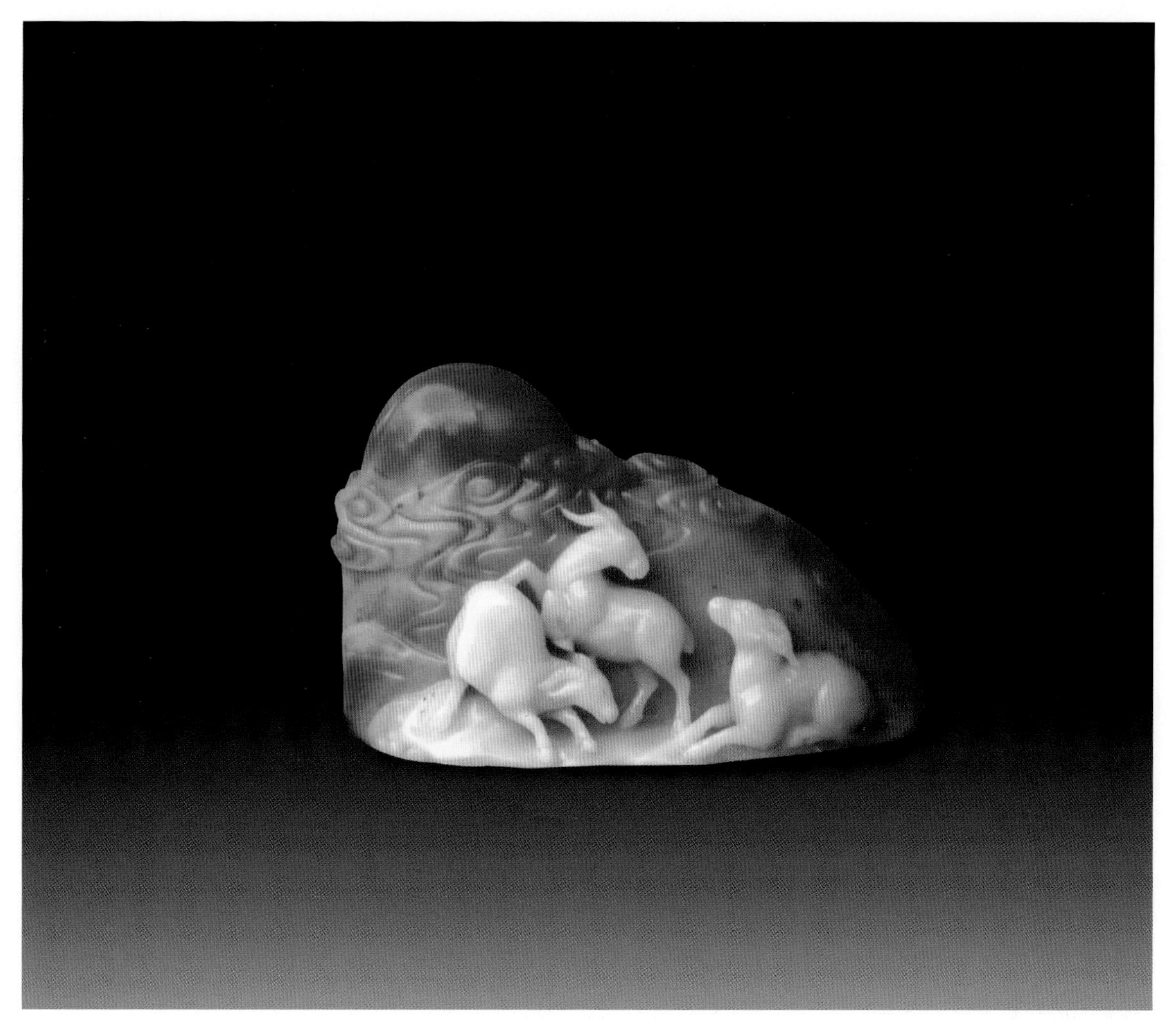

三羊开泰 · 逸凡 作
李红奇降石

伏狮罗汉 · 姜海清 作
白奇降石

白奇降石：

又称奇降白，有纯白者，有白中带绿意者，时有红筋纹。白奇降石的上品质地细腻，酷似芙蓉石，质差者石性坚、顽、脆，似焓红石。

紫奇降原石

紫奇降石：

又称奇降紫，有深紫（墨紫）与红紫之分，色泽纯洁浓艳者为上品，紫中透红与白相间者难得，如朝霞初露，十分可人。因紫白相间如织锦，故又称“紫白锦石”。

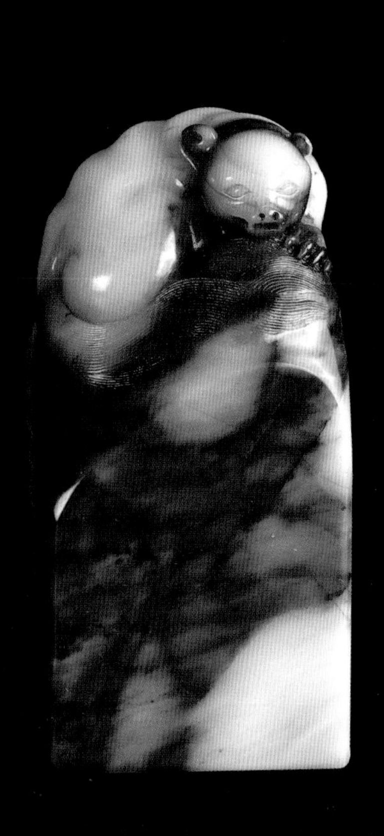

古兽章·佚名 作
紫白奇降石

福寿钮方章·陈玮 作
紫白奇降石

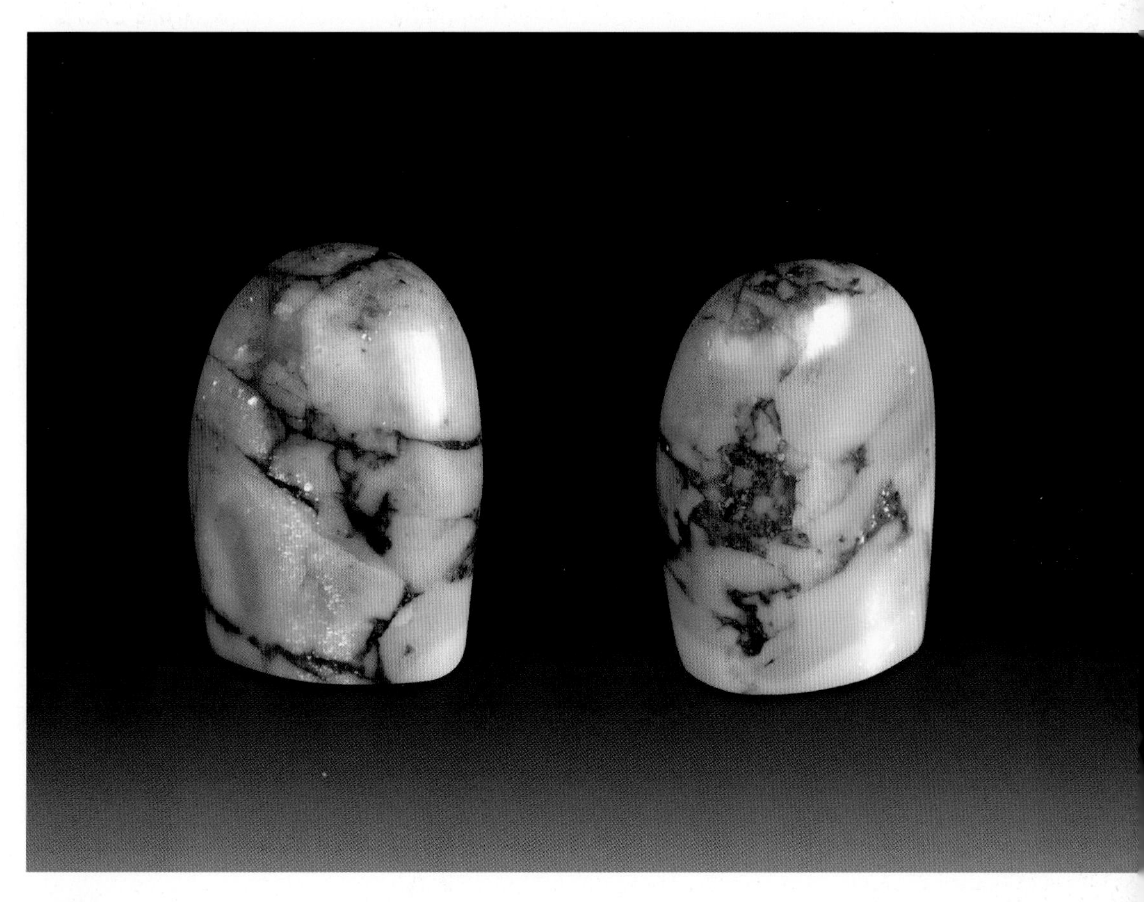

花奇降原石

花奇降石：

黄白色的奇降石中兼杂紫色的纹路者称花奇降石。

彩虹奇降原石二件

彩虹奇降石:

1989年石农在奇降旧洞采掘时，发现此石，其石相奇特，产量仅十余公斤，是奇降石中稀罕的品种。黄中带有绿意，一道一道红色有规律地排布在石中，或浓或淡、或宽或窄，并伴有淡紫的色团出现，状若彩虹绕穹，迷人可爱。因此后再无发现，产量十分稀少而备受珍爱。

牧童遥指杏花村·黄忠忠 作
银裹金奇降石

背面

银裹金奇降石：

奇降石的一个富有特色的品种，外裹白色层，内心为黄色或红色，或黄红相间，色界分明。质地佳者外层似白高山冻石般凝腻，内层如田黄般细润，十分可人。

巫山神女·陈文斌 作
银裹金奇降石

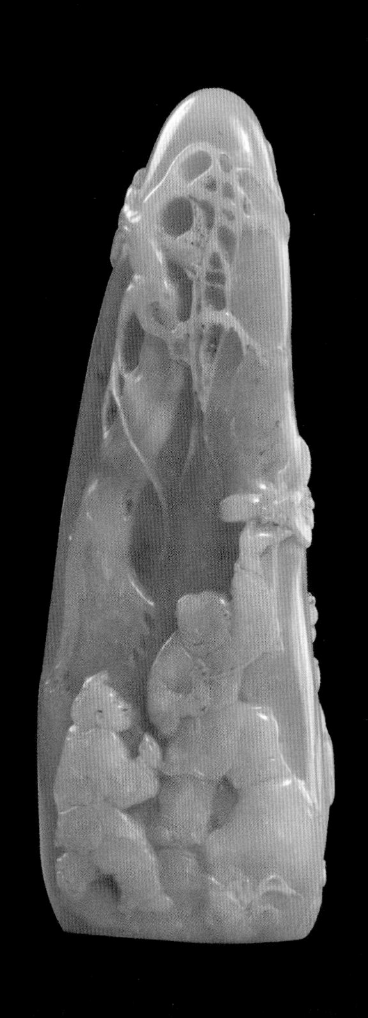

放风筝·潘泗生 作
银裹金奇降石

金裹银奇降原石

金裹银奇降石：

与银裹金奇降石恰恰相反，外层黄色、内心白者称为“金裹银奇降石”。产量不多，石质亦有优劣。

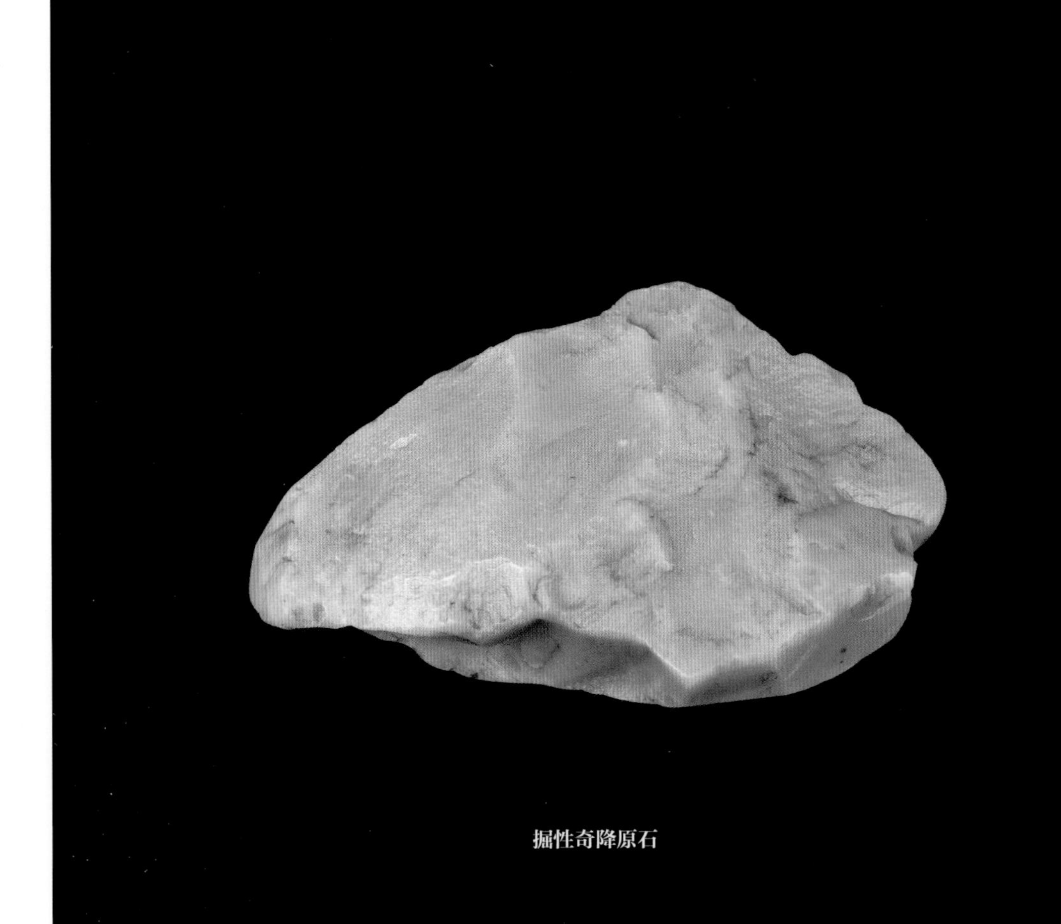

掘性奇降原石

掘性奇降石：

早期脱离母矿、零星埋藏在矿区砂土之中的奇降独石，各色皆有，多为扁形，并伴有稀稀的石皮。

奇降石石性稳定，作品经过磨光上蜡后光彩焕发，色泽始终如一，经久不变，不需上油保养。

东方硕祝寿图 · 林元康 作
奇降焓红石

奇降焓红石：

产地介于奇降石和焓红石矿脉之间，石性较其它奇降石脆，但又不如焓红石坚，不透明，有白、红、黄、紫等色，白色石层之中往往杂带有红色或淡黄色的砂粒。

第三节

汶洋石

汶洋石属于柳岭矿脉，出产于寿山村北面汶洋村的漏岭，1997 年汶洋村民在虎口附近开采叶腊石时，发现该矿面西北侧下方漏岭有可作雕刻用的矿苗。1998 年 7 月，周新书、陈书华等人请地质工程师黄刚毅等人指导在该矿苗点勘探，1999 年 1 月，该矿出产寿山石新品种汶洋石。

漏岭是一座很高的山峰，自从开采出汶洋石后，许多石农也都到漏岭找矿开采，所以有了好几个矿洞，但出产好石的坑洞都位于半山腰的陡坡上，前往矿区要从山顶走下陡峭的长坡，根本没有道路，只有石农踩出的似有似无的小道，遍地砂石，稍不留神就会滚下山谷的深坑，令人望而却步。石农却能够扛着数十斤重的石头如履平地，让人佩服之至。笔者实地考察后，实感叹采石的艰难与寿山石的珍贵。

光素章　汶洋石

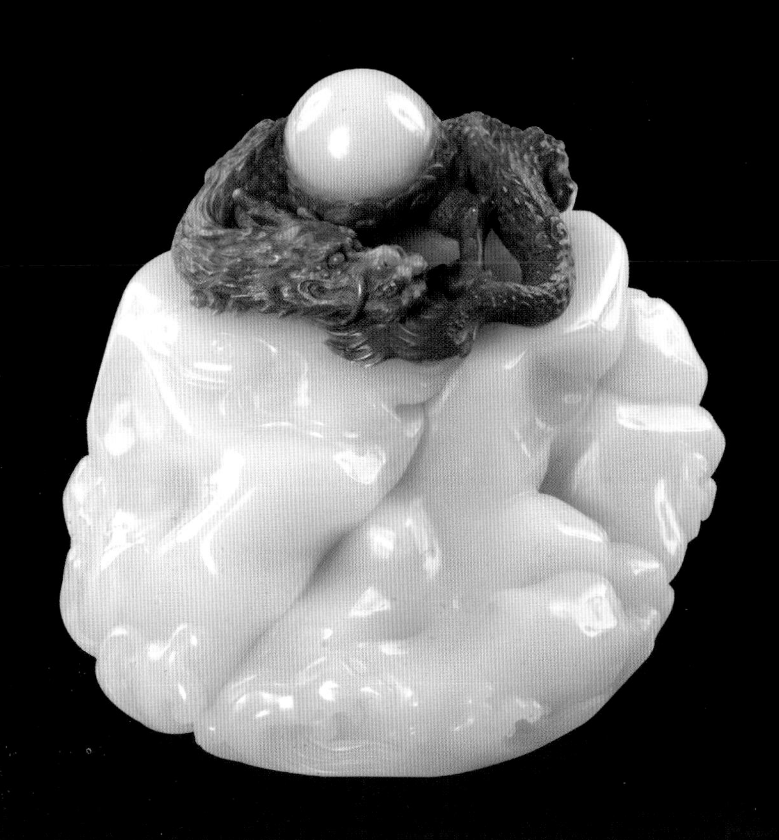

苍龙戏珠 · 石瑞 作
黑白汶洋石

汶洋石组章

汶洋石以黄白居多。

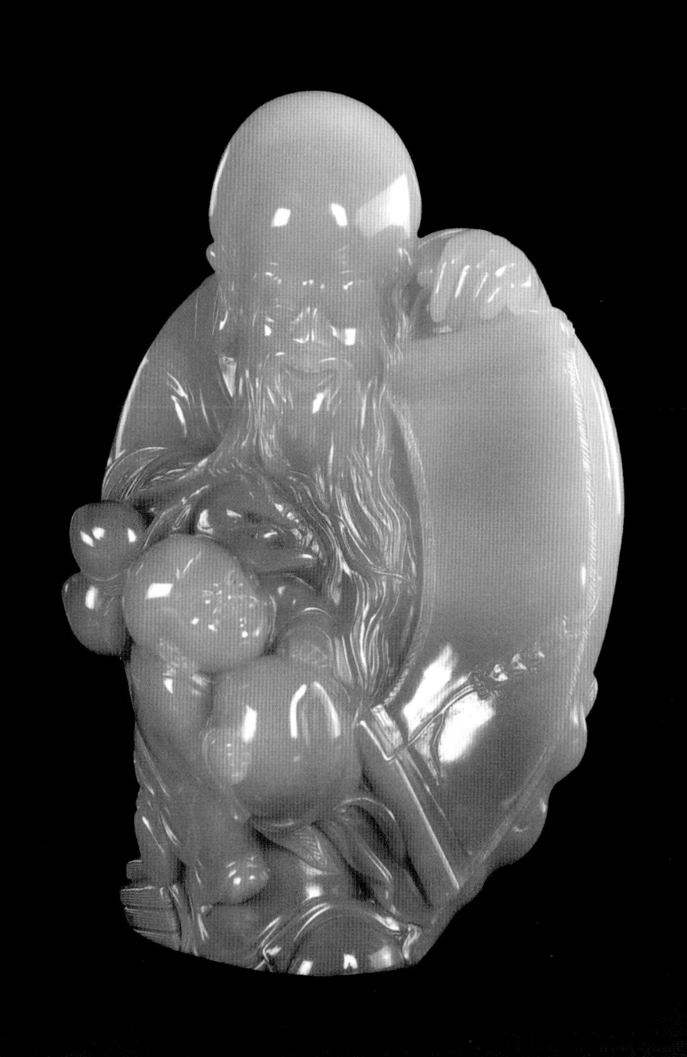

寿星·林元康 作
汶洋石

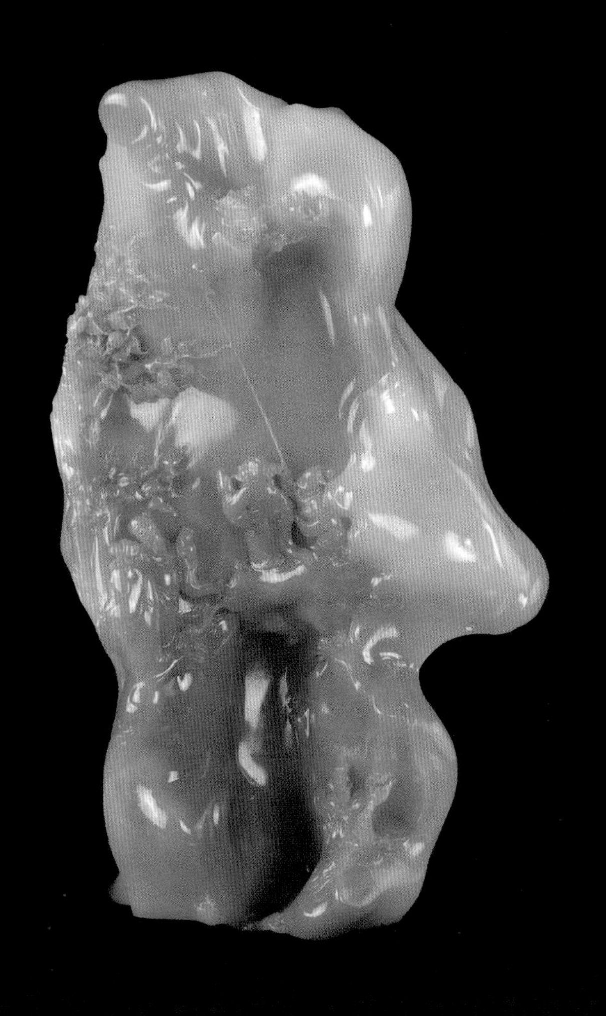

西山雅聚·林霖 作
汶洋石

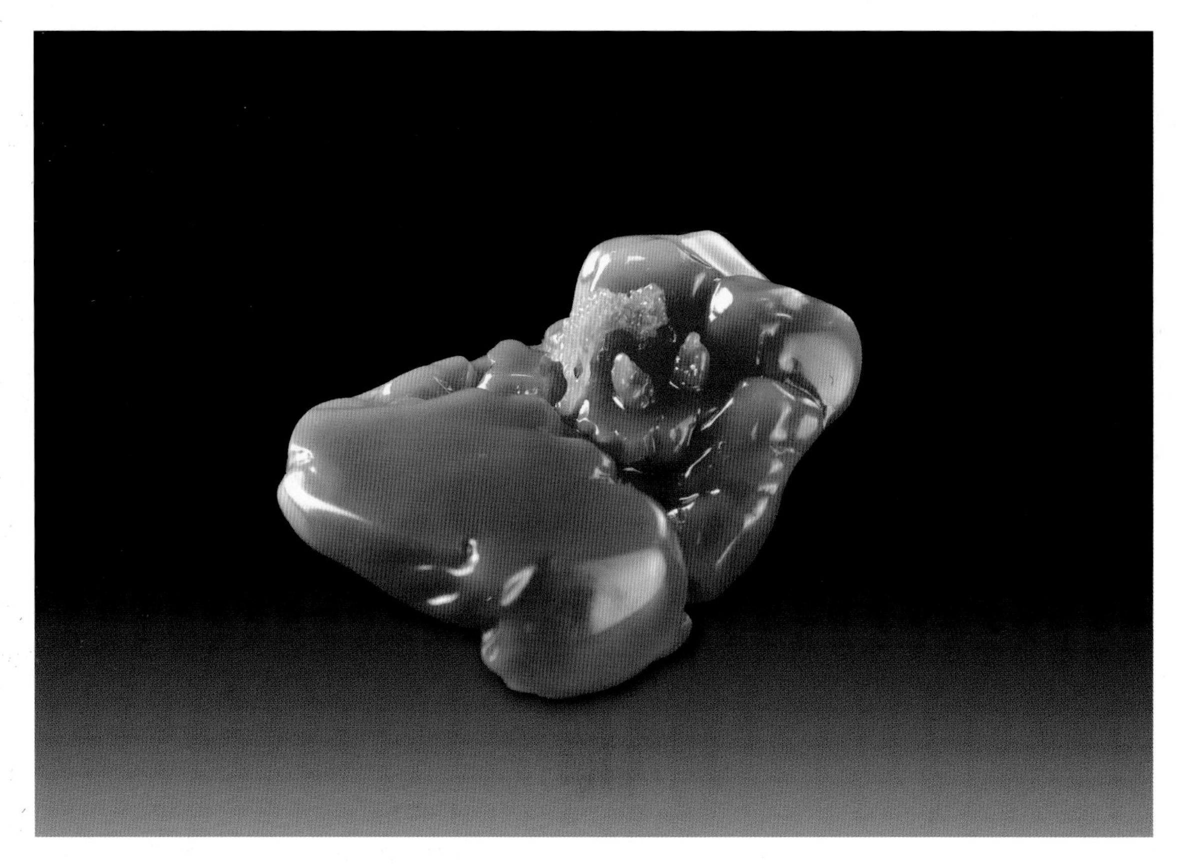

红汶洋石

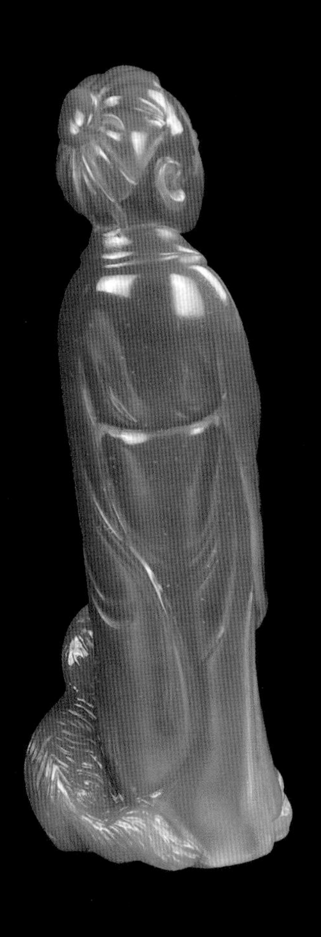

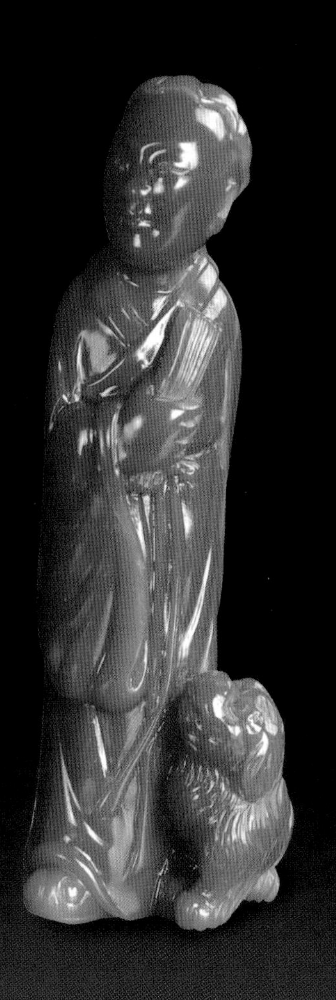

明式人物·逸凡 作
煨红汶洋石

煨红汶洋石即经过火烧人为地形成红色的汶洋石。其烧制过程的风险很大，若火候控制得不好，石材容易裂，能烧成此石的效果何止百里挑一。

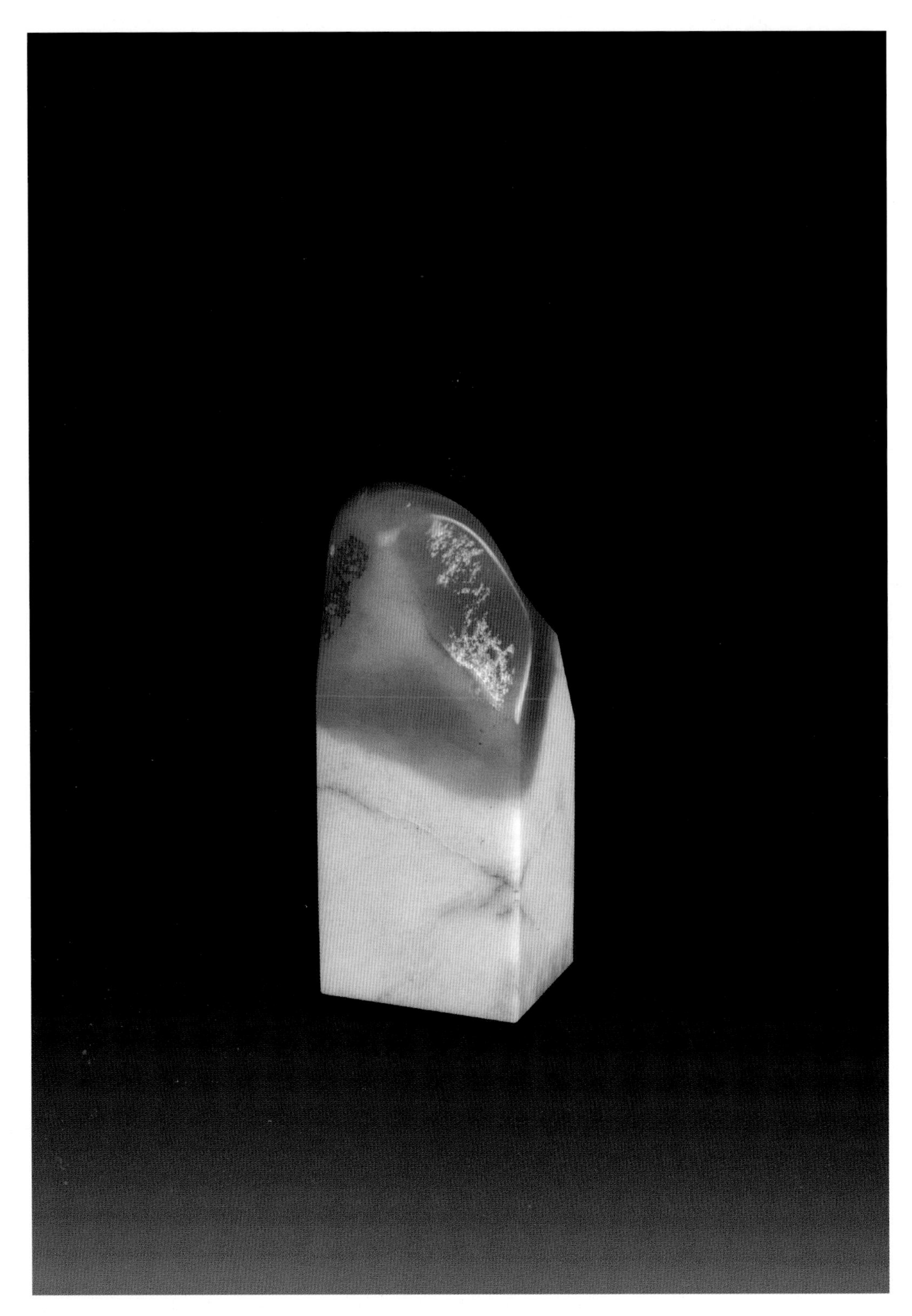

煨红汶洋石素章

此章上半部分的红色是“煨”过的效果，
即用火烧过。

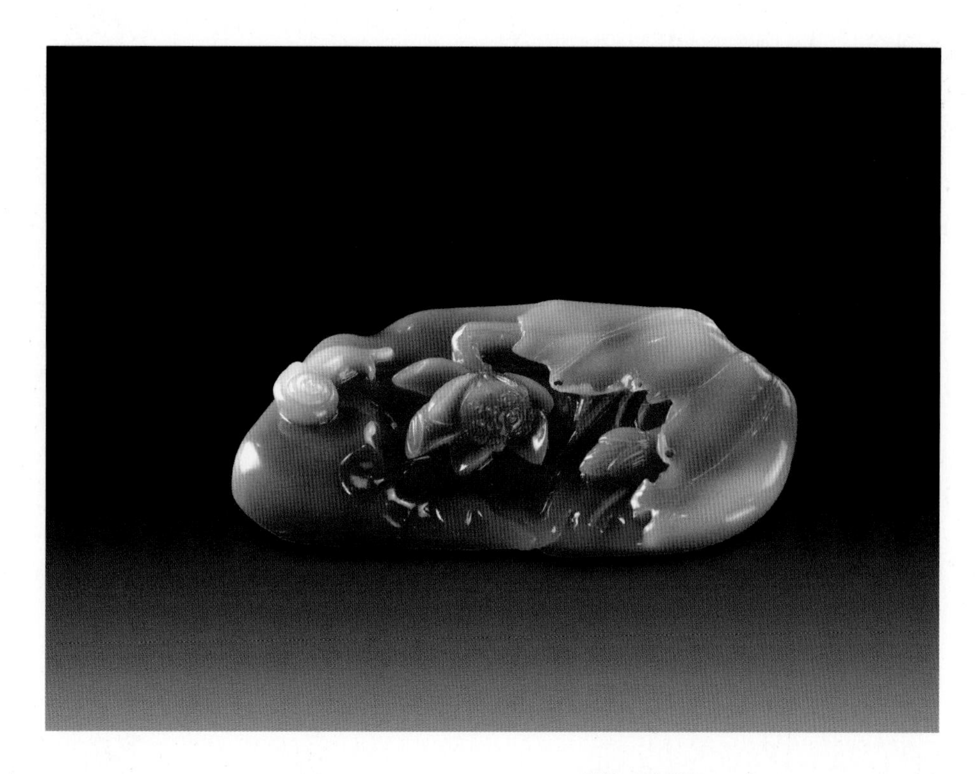

荷塘 · 汶洋石
此石质地细腻，非常像芙蓉石。然其密度比芙蓉石高，而蜡质较芙蓉石稍逊。

汶洋石质地细腻纯洁而稍坚，微透明，石色纯洁，有红、黄、白、黑等色，色泽鲜艳，色界分明，以黄、白相间居多。黄色不通灵者，色泽偏黝，带焦味。石的肌理中时有细小的结晶状条纹。汶洋石的块度较大，且石形比较平整，是制作石章的理想材料。美中不足的是石中常有小裂纹，其原因是质地细嫩的汶洋石性结构坚密。开采时，石材在矿洞中观看都没有裂纹，可是拿出洞外不久，小裂纹越来越多。有人说这是因为在开采过程中，受到爆破震动以及大气压力的影响，也有人说是因为水分蒸发。如何破解这个难题呢？石农与石贾都想了许多办法，比较有效的办法是开采出石时就上油并用保鲜膜包起来，使之不与空气接触，一段时间后待石性稳定再放油里保养，这样就可以避免新裂纹的产生。根据实践，一般要三年左右。

汶洋石与芙蓉石外观极相似，但汶洋石的硬度、透明度比芙蓉石强，结晶状条纹多，石中砂少，不像芙蓉石常有砂质在石中窜来窜去。但汶洋石的小裂纹多，含腊度低于芙蓉石，纯的芙蓉石上品最忌沾染油脂，而大多汶洋石则需要上油保养，无裂无格的汶洋石结晶体质地纯洁细嫩，只要上蜡保养，不用上油，可与芙蓉石媲美。

鳌鱼会蛟龙·逸凡 作
汶洋石

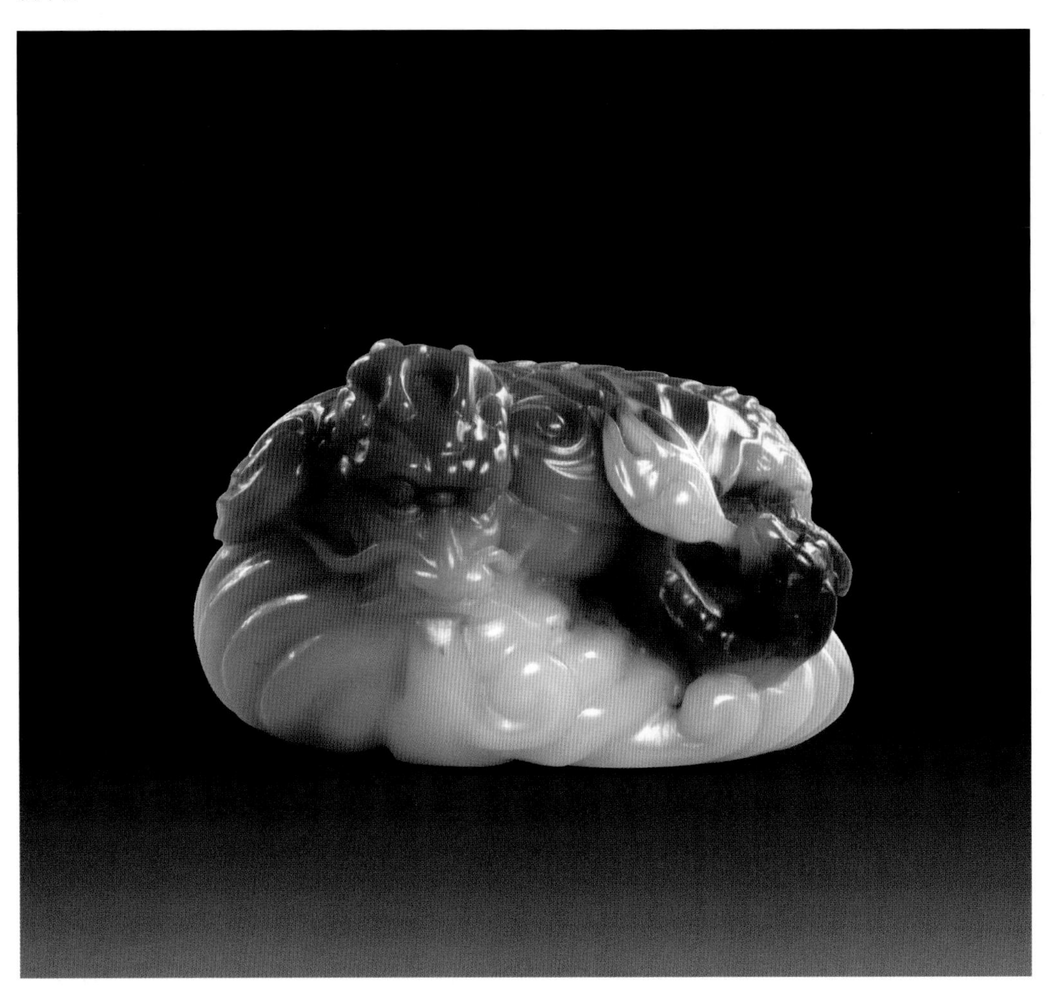

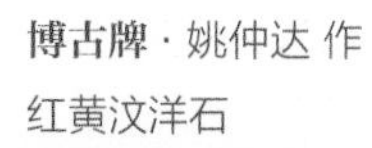

博古牌·姚仲达 作
红黄汶洋石

孔雀章 · 姚仲达 作

汶洋石

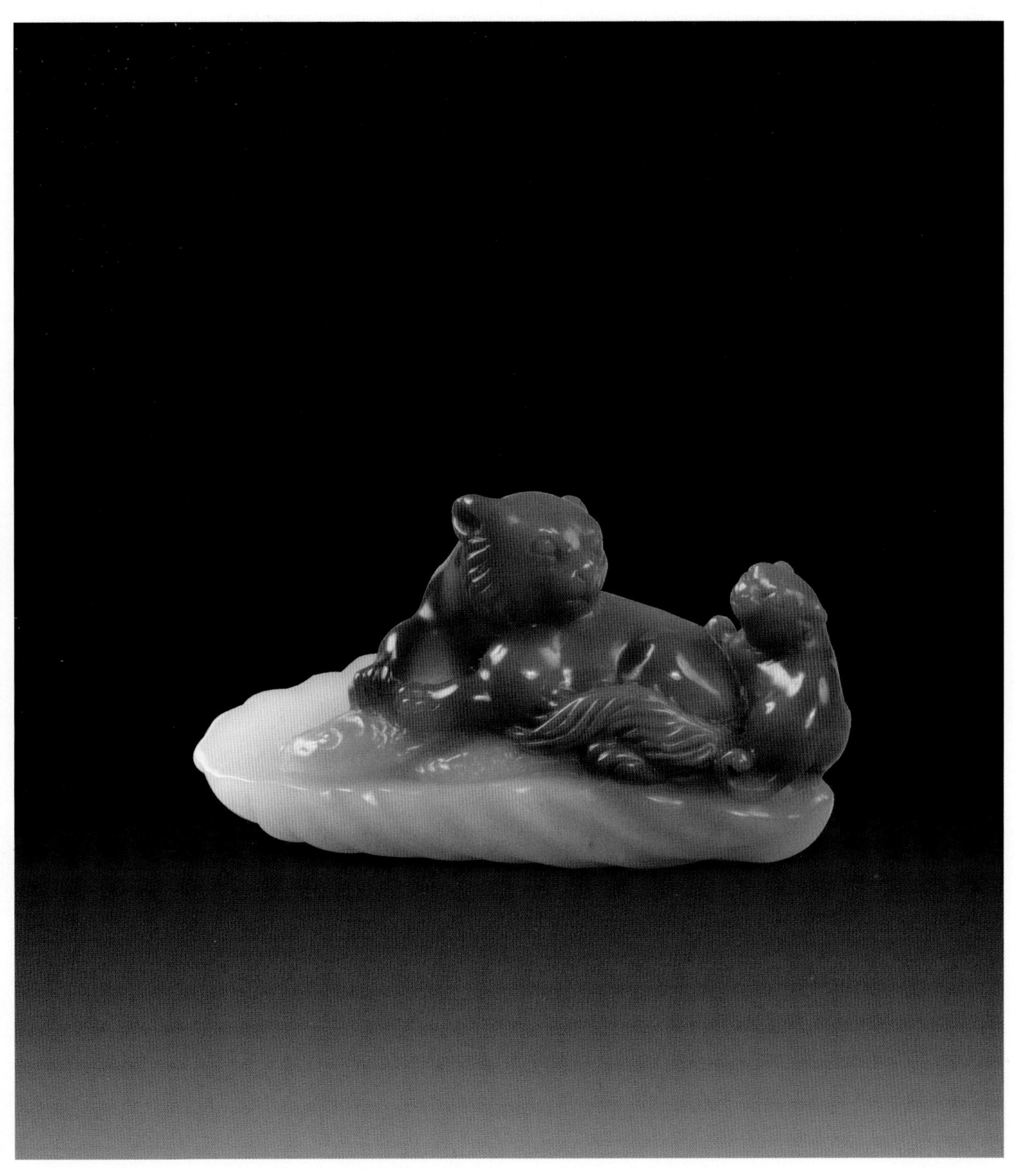

猫腥 · 逸凡 作
汶洋石

梅竹文玩 · 刘东、石瑞 作

汶洋石

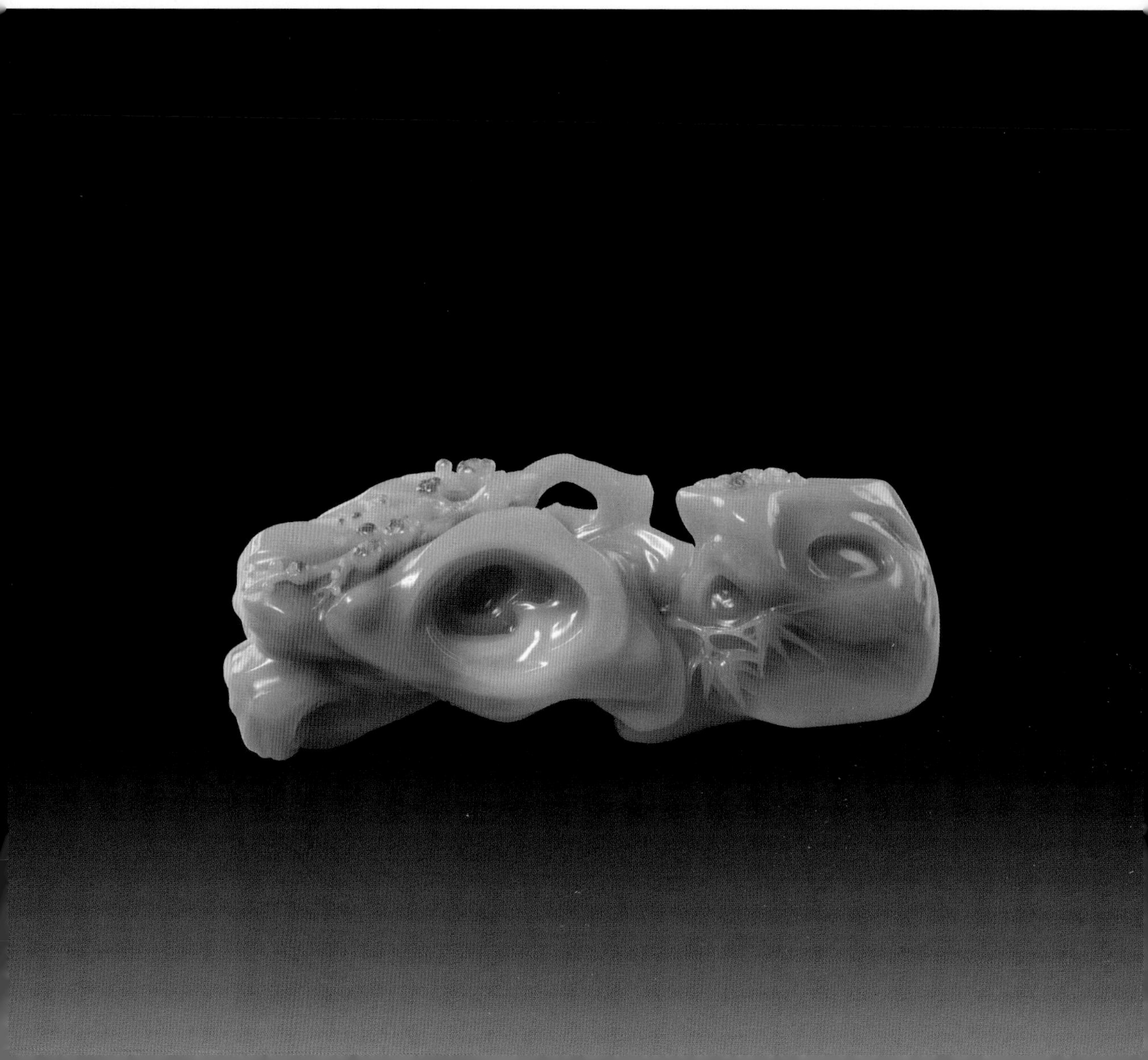

第四节

出产于奇降山的其它石种

焓红石

产于奇降石矿脉外围，所以石农中有俗语称“焓红奇降边”。焓红石石性坚脆，不透明，多巨材，有白、红、黄、紫等色。石中往往杂带有红色、白色或淡黄色的砂粒，红黄之色常裹在白色石层之中是焓红石的一大特点。其黄色多不纯，因为浓淡色斑特别强烈，白色的焓红石中时有米粒大小的青斑，纯白者难得。

早年焓红石并不为人们重视，所以一些带黄、红色斑的焓红石经常会被石农弃在洞外的地里。这里土地贫瘠，村民常将晒干的稻杆堆积起来燃烧，将其灰烬作为有机肥料。这些在地底下的焓红石无意中被火煅烧，经过火烧的焓红石，白色部分溢白，而红、黄色都会变得十分红艳，石质也愈发坚硬。亦有人将未经煅烧的粗质奇降石称为焓红石。焓红石磨光后光水十分好，上蜡后不需上油。不管在南方或北方，不管气候是干燥还是潮湿，历久不变，不受影响。

双罗汉 · 姜海清 作
焓红石

北极熊·林亨云 作
焓红石

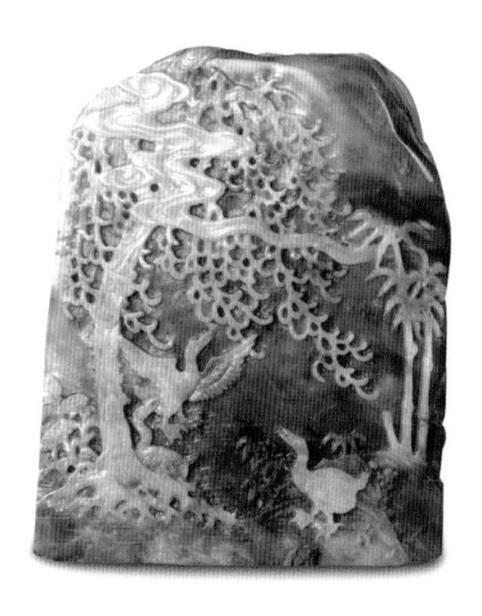

双清 · 林荣杰 作
煨红焓红石
此石原为黄白相间，经过煨烧后原黄色的部分变为红色，因火候恰到好处，红色浓艳动人。原石质地佳者煨红后效果才会好。

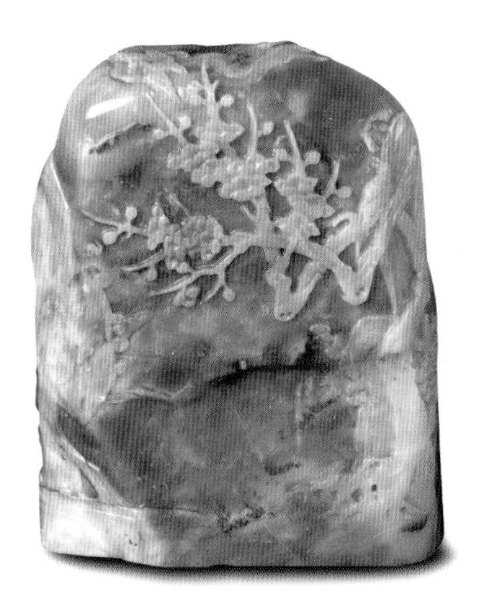

大山石

大山石出产于奇降山附近的大山坑，是露天开采的矿藏。大山坑所出产的矿石质地粗糙，含砂量多，大部分用于制作耐火材料。20 世纪 80 年代末 90 年代初，大山坑开采耐火石时，石农发现夹在砂石中的大山石剔除周围的砂质后，中间部分好像是剥开皮壳的果实，可选作雕刻用石。

大山石有红、紫、黄、白、绿等色，以淡黄和浅绿者多见，其黄绿部分是结晶性的冻石，石性稍坚，而白色部分多为网状的绵砂斑纹块，石性稍脆。有的大山石带黄绿色的砂岩，或有深色的铁锈格石皮，绿色与黄色的大山石有许多酷似豹斑的结晶体。大山石中有较大结晶体者称“大山通石”或“大山晶石”。少量黄色冻石的质地纯洁通灵，亦相当名贵。

大山石出产于深山幽谷之中，公路不能到达矿坑，即使有运载耐火石材料的车道，也都坎坷不平。石农多以摩托车作为交通工具。所幸大山石的块度都不大，石农车技娴熟，载上石料，无论羊肠小道，还是砂石斜坡、顽石嶙峋，甚至路旁就是深谷悬崖，他们都能潇洒自如地驾车而过。大山石蕴育在围岩的内心，要艰难地破开许许多多坚硬岩石的外层，才能找到这种结晶体，而且还要碰运气。笔者曾坐在年轻石农的摩托车后，到各个矿坑实地考察，只有到了现场，才能够真正对寿山石的稀罕和开采的艰辛有深切的体会。

大山石硬度高，雕刻时，太用力会出现崩碎现象，用力太小又难以刻得动，所以要掌握一定的要领，才能游刃有余。作品成品打磨后光彩照人，只要上蜡保养即可，经久不变。

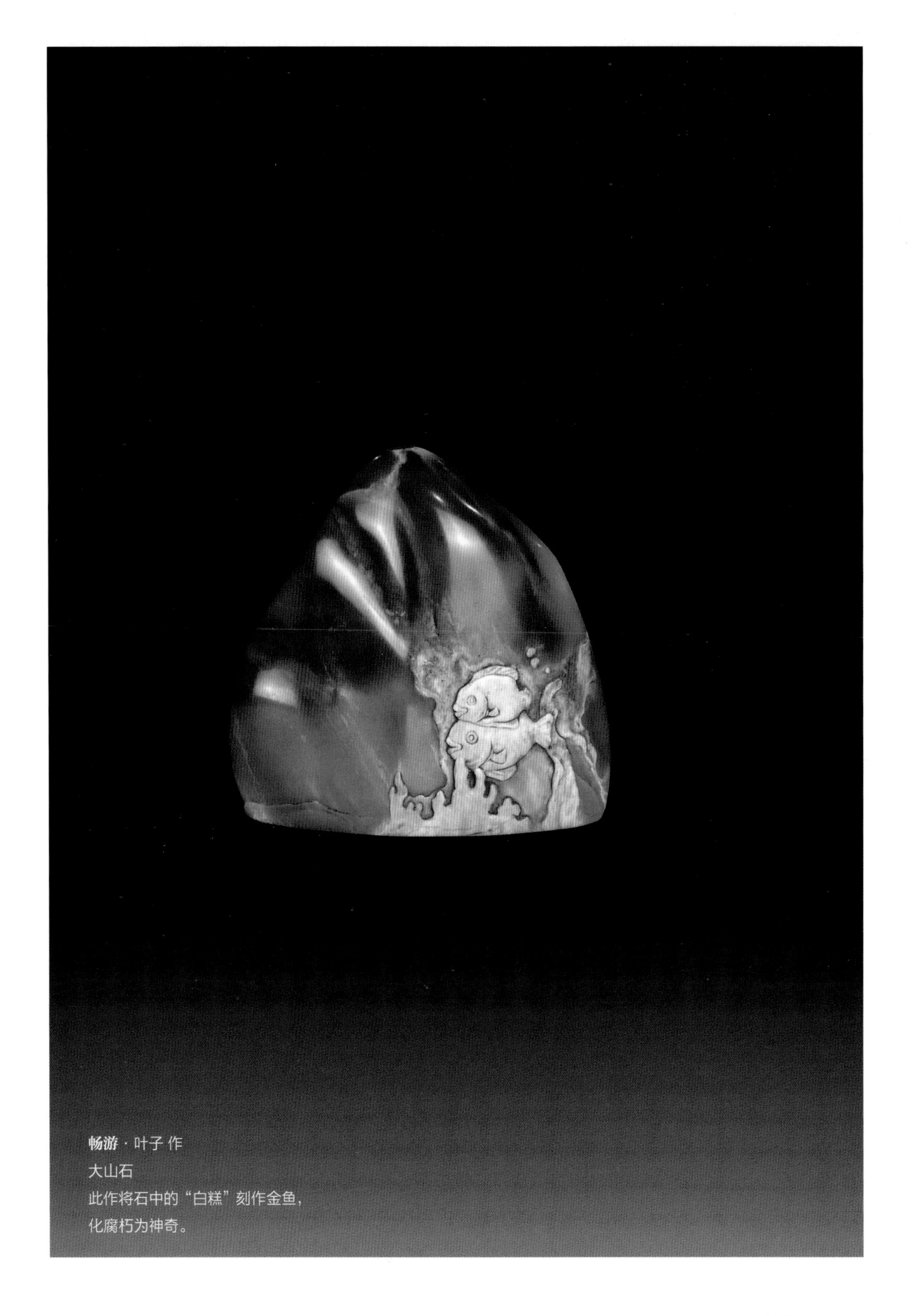

畅游·叶子 作

大山石

此作将石中的“白糕”刻作金鱼，

化腐朽为神奇。

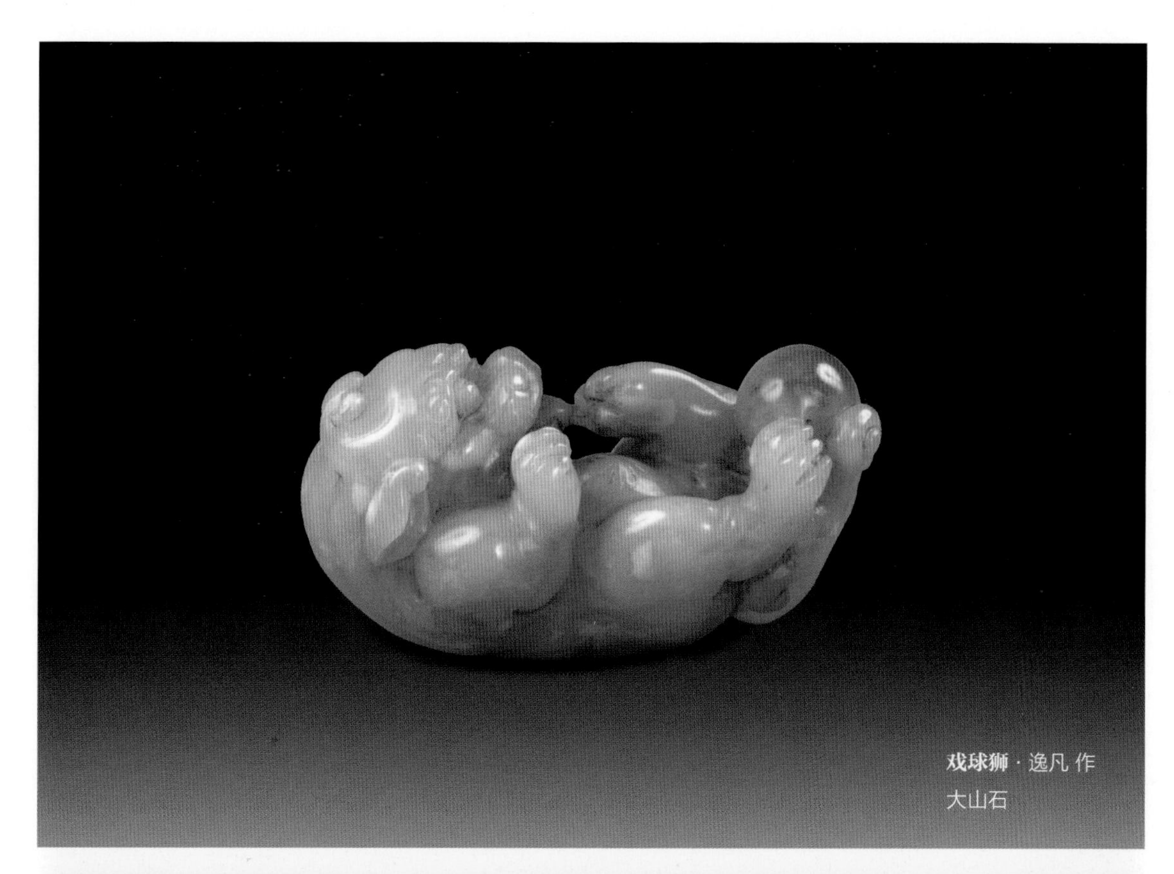

戏球狮 · 逸凡 作
大山石

大山原石
一般的大山石都是结晶体与不结晶部分混为一体，结晶部分越大，价值越高。

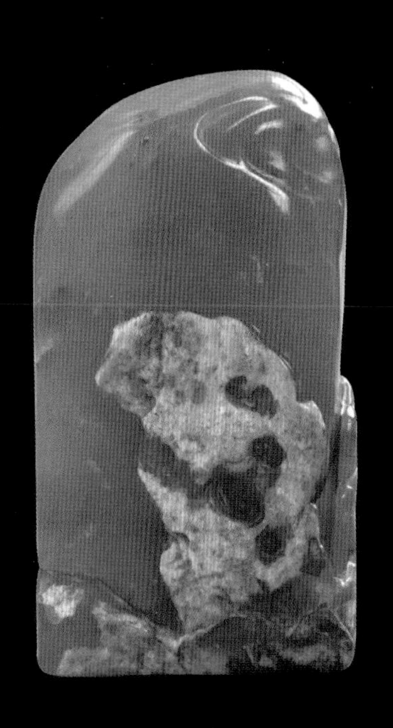

高瞻远瞩薄意随形章·逸凡 作
大山通石

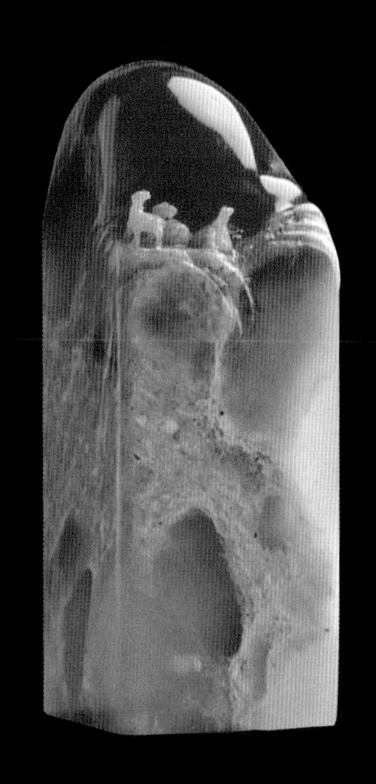

三羊开泰·逸凡 作
大山通石

大山石中通透者称作“大山通石”。

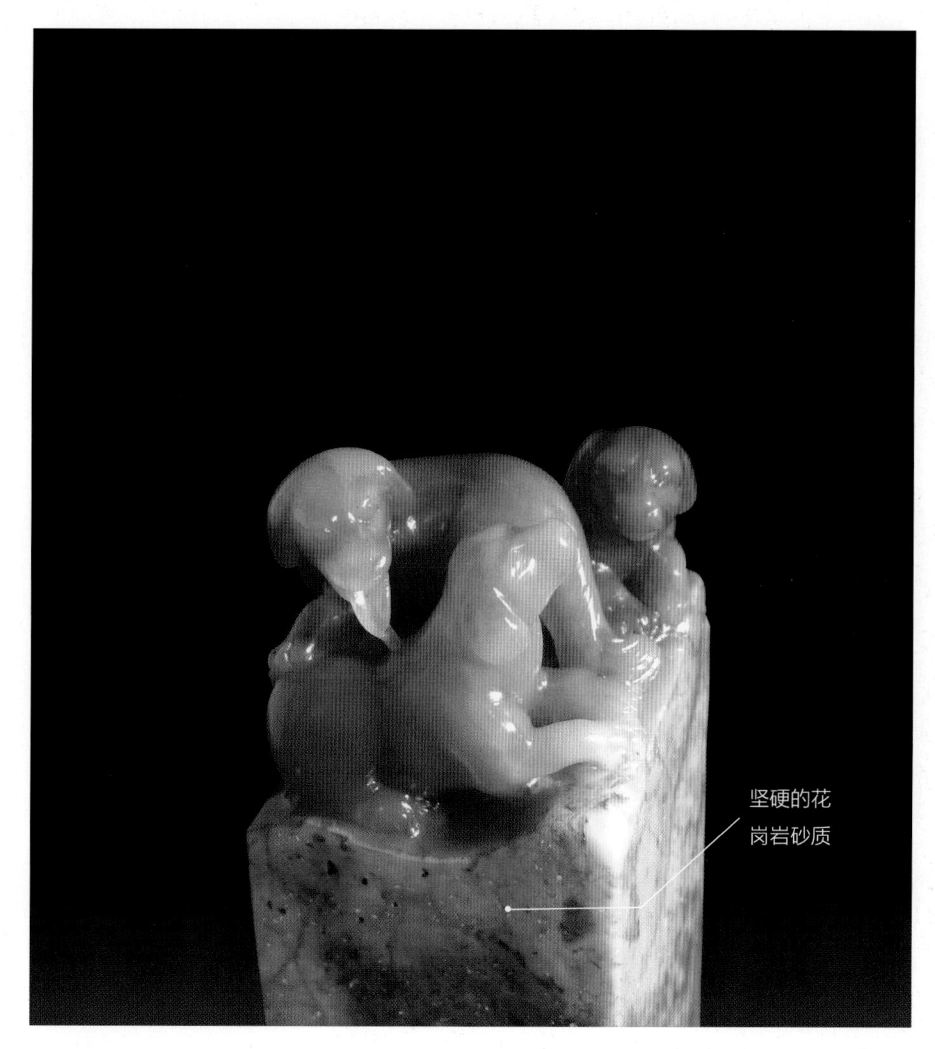

三犬钮 · 逸凡 作
红大山晶石
此大山晶石的结晶部分有红黄白三色，十分少见。

大山石中结晶体大者称作“大山晶石”。大山石的结晶体以黄色居多，红色少有。其结晶体旁边的砂石非常坚硬，难以奏刀，以打磨寿山石的方法很难将其磨亮，须配合机器打磨。

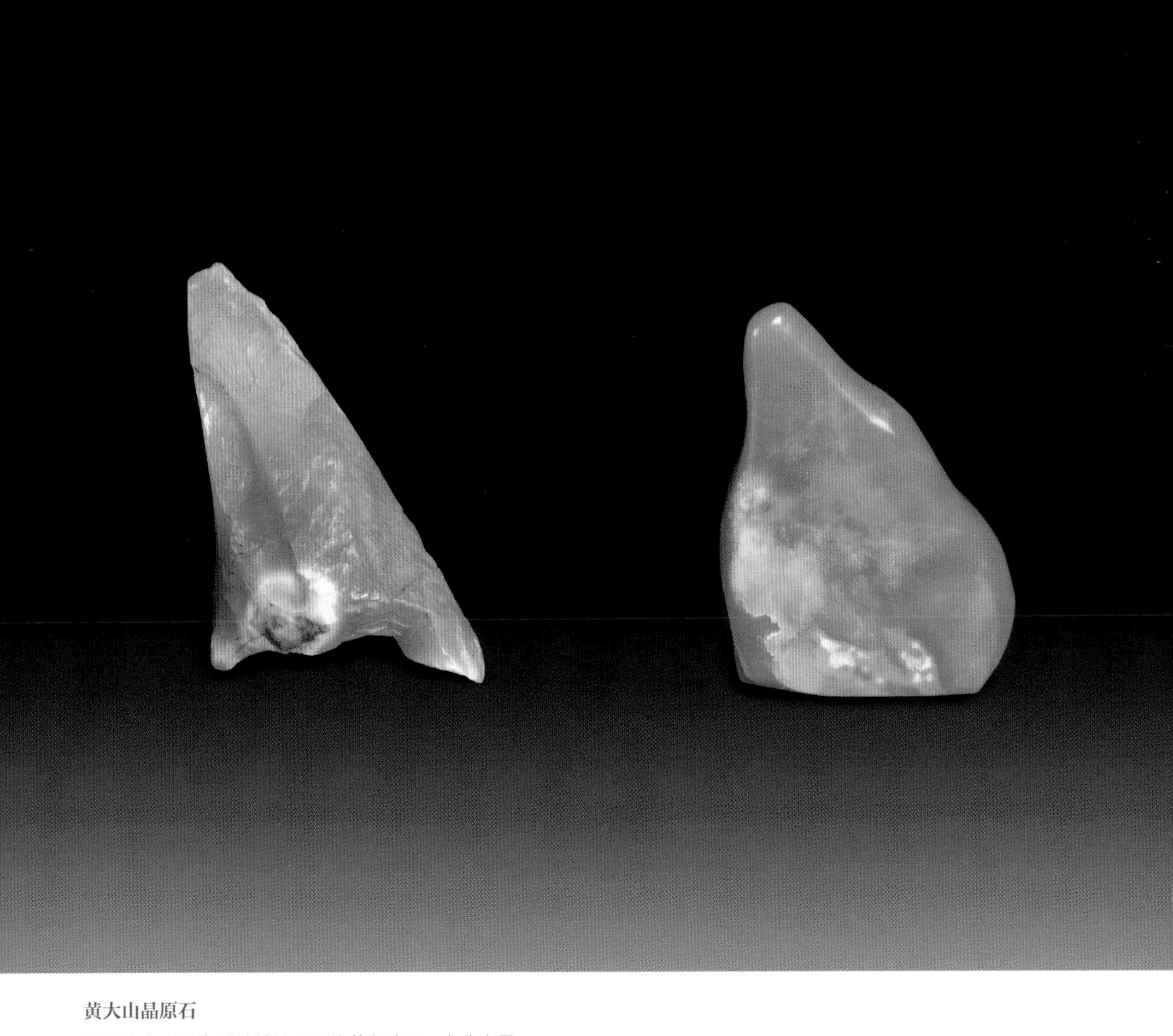

黄大山晶原石

这两块大山晶为质地纯洁通灵的黄色冻石，十分少见。

据传，1928年5月，寿山石农王盛尊到大山拾柴，阳光下发现坑边岩石上有异色，碧绿闪烁，十分夺目。他暗喜，马上作记号，第二天即带上采石工具前往采掘，不久获取有一担左右原石，色绿似雄鸭毛色。村中老人说，当时只卖出三分之一，所得的钱就盖了一座二层土木结构房屋。王姓石农突然富起来，引起左邻右舍的猜疑，有人问起发财的秘密，王始终不肯告人，至今无人知晓其洞口在何处。

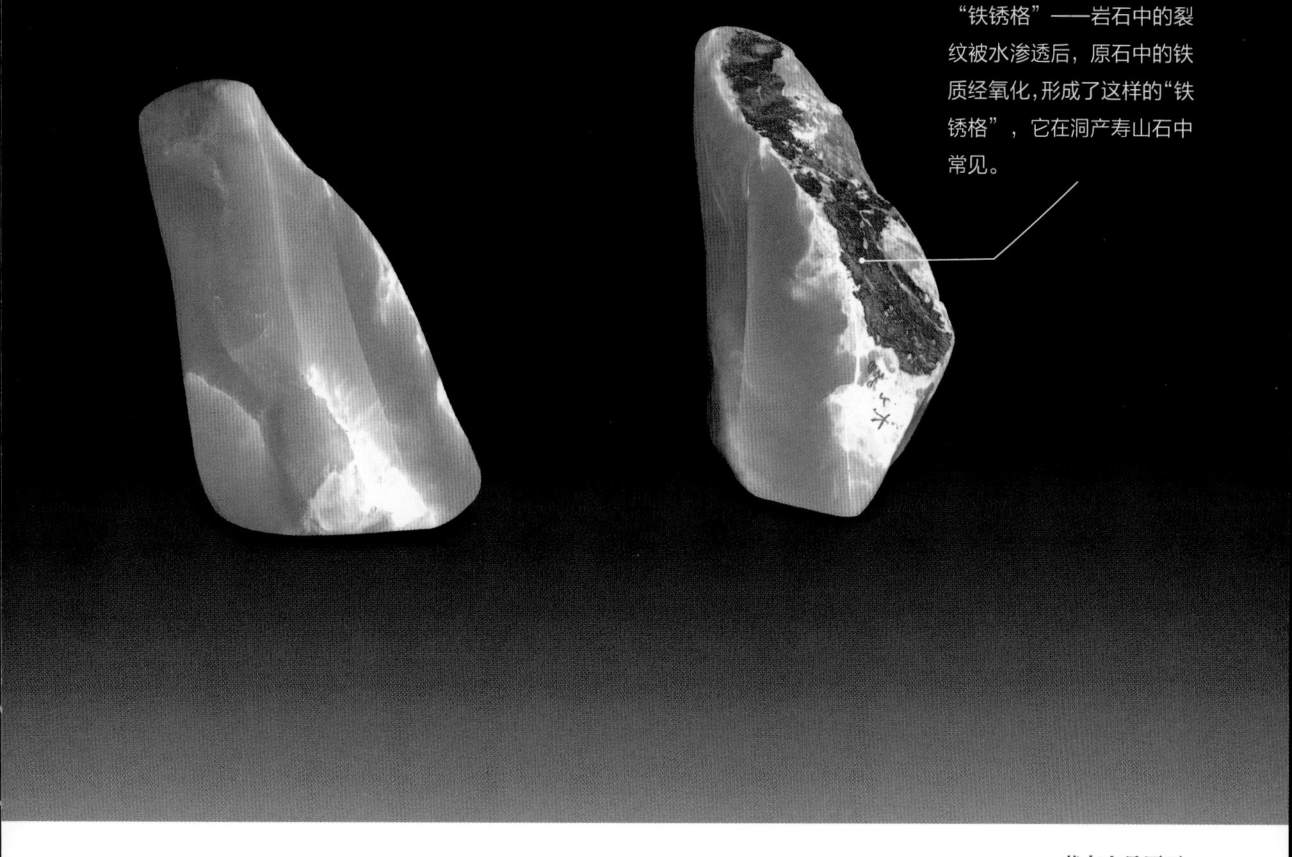

黄大山晶原石

米芾拜石 · 逸凡 作
大山晶石

米芾拜石（底部）

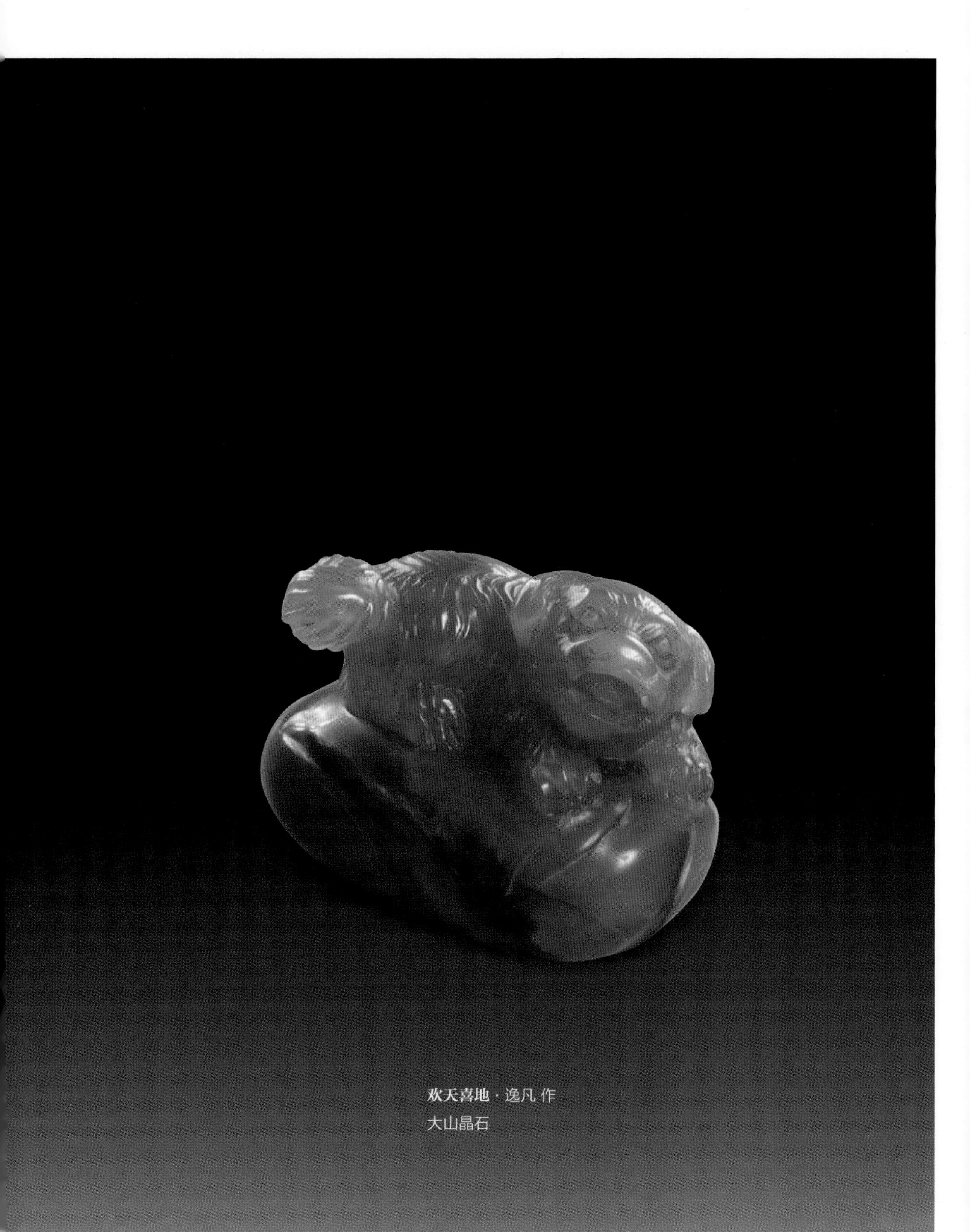

欢天喜地 · 逸凡 作
大山晶石

大山石素章

结晶体与不通透部分交错排列，形成像豹纹的肌理。这是大山石常见的一种纹理，常被雕刻成豹子手件。

太狮少狮 · 阮文钊 作
老岭石

老岭石

老岭石又称柳岭石，出产于寿山村北面三公里的柳岭山中，属于柳岭矿脉，矿藏十分丰富。

福州地区在南朝与宋朝的墓葬中出土了许多陪葬的石俑，据考证，这些石俑大多为老岭石。说明早在 1500 年前的南朝，老岭石就已经开始用于雕刻，到了宋代才有大量开采的记载。1947 年，寿山农民张可亮到柳岭山采石。所采原石色泽多青绿、淡绿、淡黄，石质不通透。20 世纪五六十年代，柳岭矿脉也大量出石，当时很多寿山石雕的普通产品都以老岭石为原料，此后柳岭矿脉主要开采工业用的耐火材料。近年在耐火石料中发现一些可用于工艺雕刻的石材，质地与色泽往往比旧的老岭石更加丰富多彩。

20 世纪 80 年代，柳岭矿由村集体组织副业队专业开采，原石归大队统一定价，分等级销售，每 50 公斤 80-260 元不等。

以雕刻用料的要求来衡量，老岭石属于粗质石料，材巨、质地坚脆、石中含细砂。其质地较好者可分为老岭青、老岭黄、虎嘴老岭石等。

子母狮钮章

老岭石

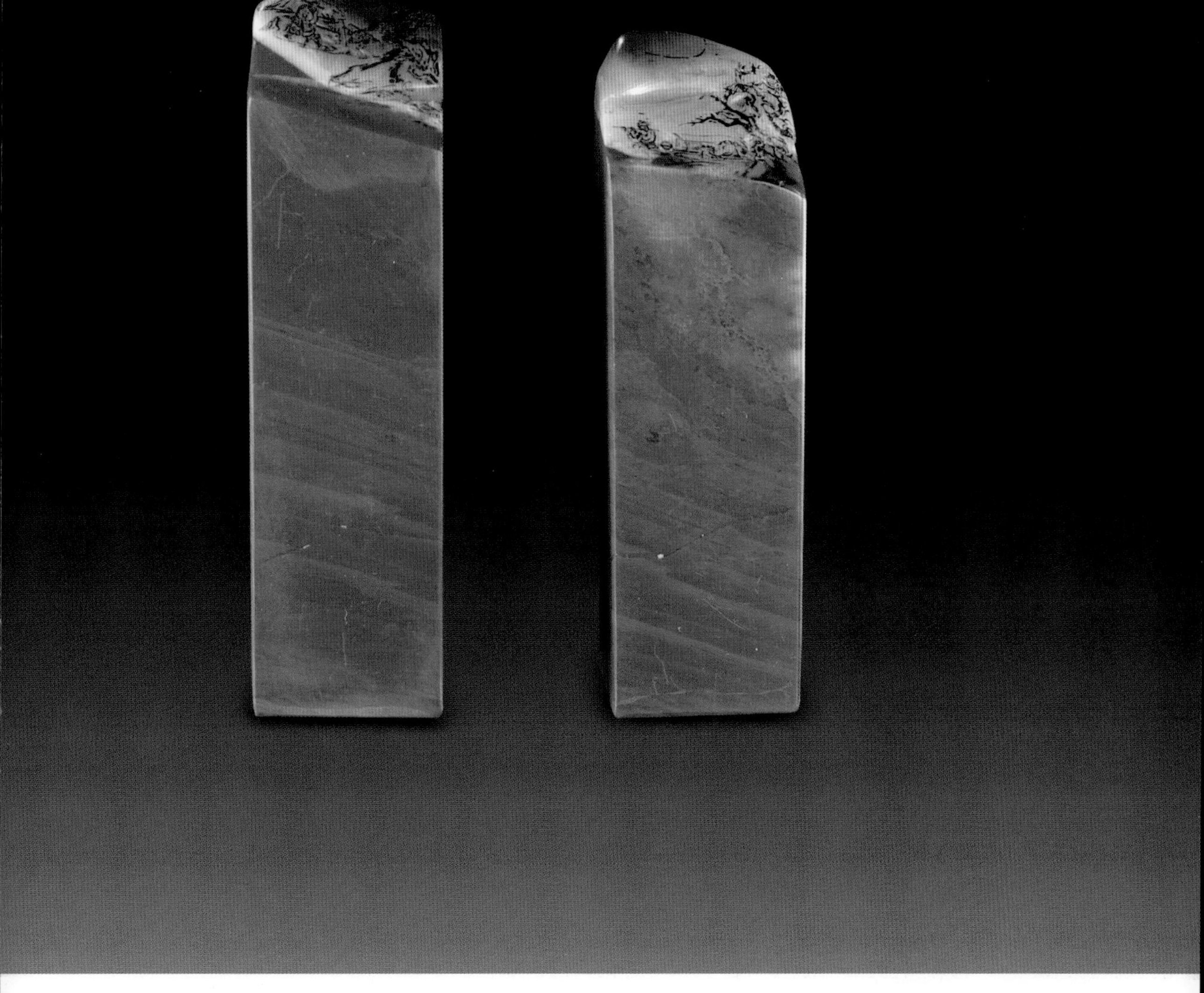

老岭石素对章

此石的色彩和质地与山秀园石相似。两者的区别是老岭石的黑色部分中有白点，而山秀园石没有。

三螭衔芝献瑞随形章 · 郑仁蛟作
老岭黄石

老岭黄石:

淡黄色或黄色，同样隐现淡色的结晶体斑纹与小白点，时有小砂丁隐于石中，质地稍松于老岭青石。

三狮戏球·林元珠 作
老岭黄石

古兽把件 · 古工

老岭黄石

一家亲 · 冯其瑞 作
老岭青石

老岭青石：

淡绿色，带有黄味，有许多结晶体斑纹与小白点掺杂其间。结晶体部分微透明。石质坚脆，雕刻行刀费力，且声音很大，其石屑有如细小的玻璃渣。

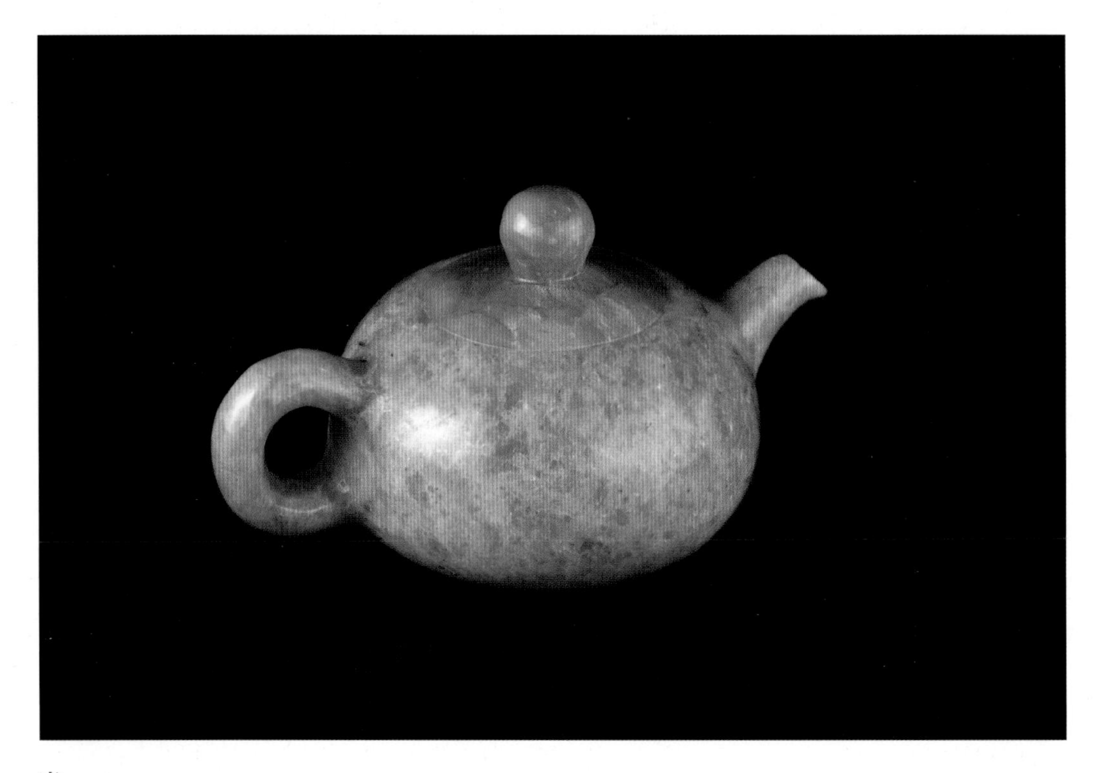

壶

老岭石

鞍马
老岭青石

山水薄意 · 逸凡 作
老岭通石

老岭通石:

老岭青石中质地较细腻通透的,称作老岭通石。

山水薄意 · 逸凡 作
老岭通石

虎嘴老岭石素章

虎嘴老岭石:

出产于老岭山顶的虎嘴洞，质地比较细嫩，多呈块状巨材，单独夹杂于围岩之中，有红、黄、白、绿、灰、黑等色及浓淡变化，常见的有各色相间之花老岭石。由于质地和色泽与早期的老岭石不同，故而冠以地名称之“虎嘴老岭石”。

老岭石质地密度高、石性坚脆，打磨上蜡后光泽度好，无须上油保养。

苏东坡 · 逸凡 作
党洋石

党洋石、二号矿石

党洋石又名墩洋石，出产于寿山乡党洋村黄巢山，属于黄巢矿脉。黄巢山早年即有石出，清朝乾隆年间的文人郑杰在其所著的《闽中录》中就有开采党洋石的记载。后来后由于党洋村的村民认为黄巢山是村庄的“风水山”，开矿取石有碍风水，始行禁止，所以停产很久。20 世纪 80 年代，寿山矿区大量开采工业用耐火石材，黄巢山也相继开采。后来矿工在编号为“二号矿区”采掘耐火石时发现了党洋石，此后重新开采，时有出产，所出之石俗称“二号矿石”。

黄巢山挺拔险峻、气势雄伟，出产党洋石的“二号矿区”位于峰顶。党洋石质地稍坚，半透明或微透明，有绿、黄、红、白等色，肌理时有夹杂淡红白色或紫色的砂岩，党洋石的上品按色相可分为党洋绿石、黄枣冻石、鸭雄绿石、艾叶绿党洋石等。

二号矿原石

此石中的白点乃蛀洞。

党洋原石

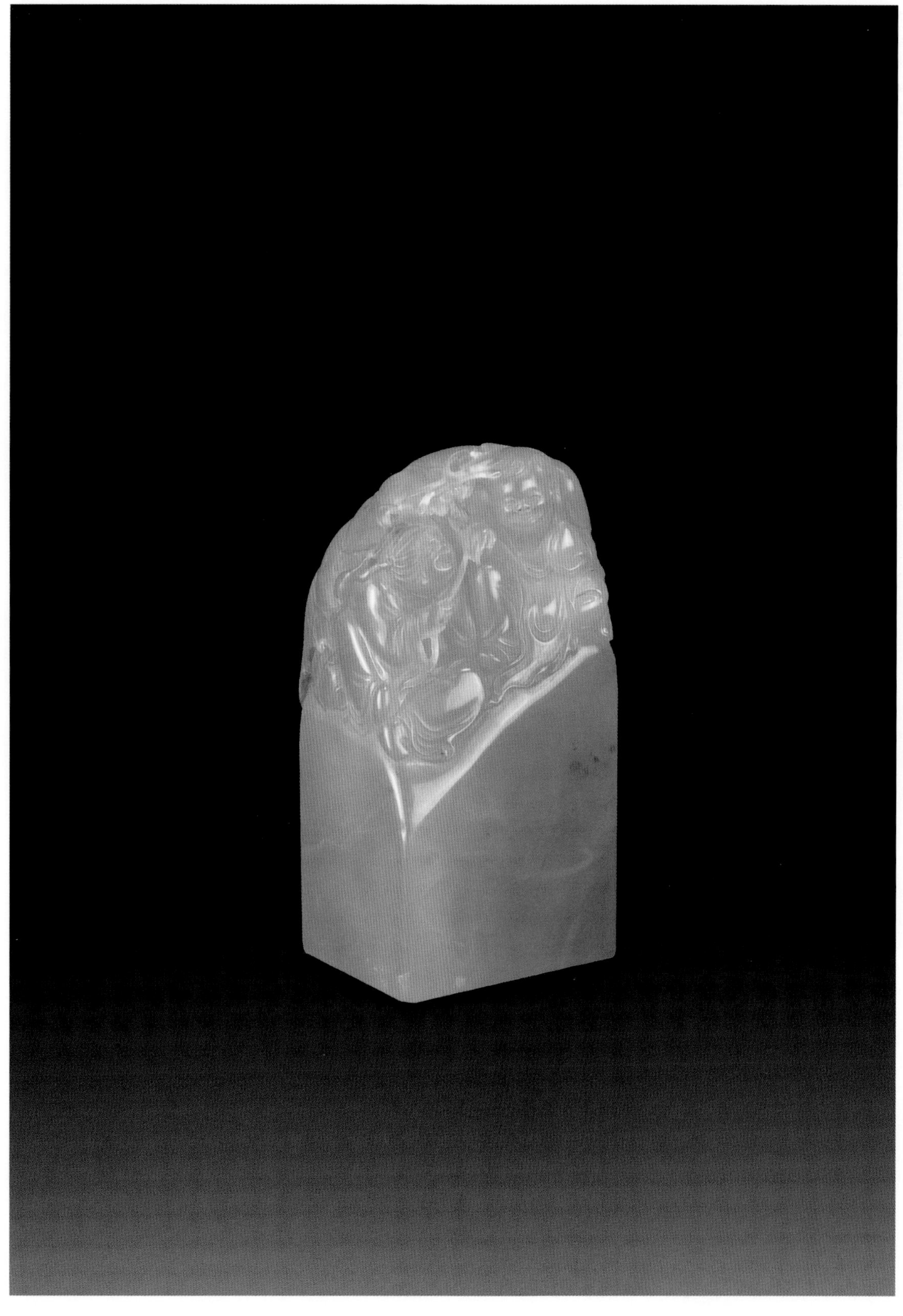

和合二仙·刘丹明（石丹）作
党洋绿石

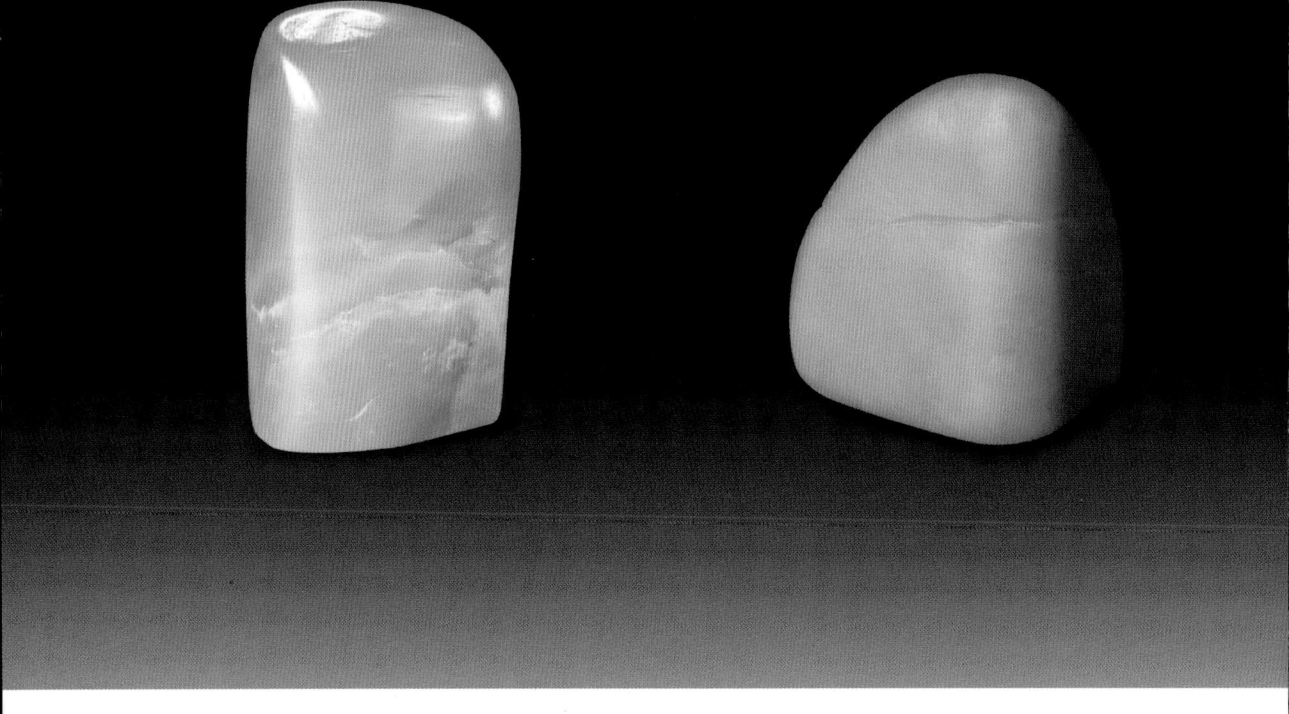

大山绿原石　　月尾绿原石

月尾绿与大山绿:

大山绿石质地坚硬，无须用油养，打蜡后即可保持光亮。

月尾绿石属善伯类矿脉，质地较松软，要以油养。

鸭雄绿石:

产于党洋山，石质通灵，色如雄鸭羽毛之青翠者。产量十分稀少，现已罕见。

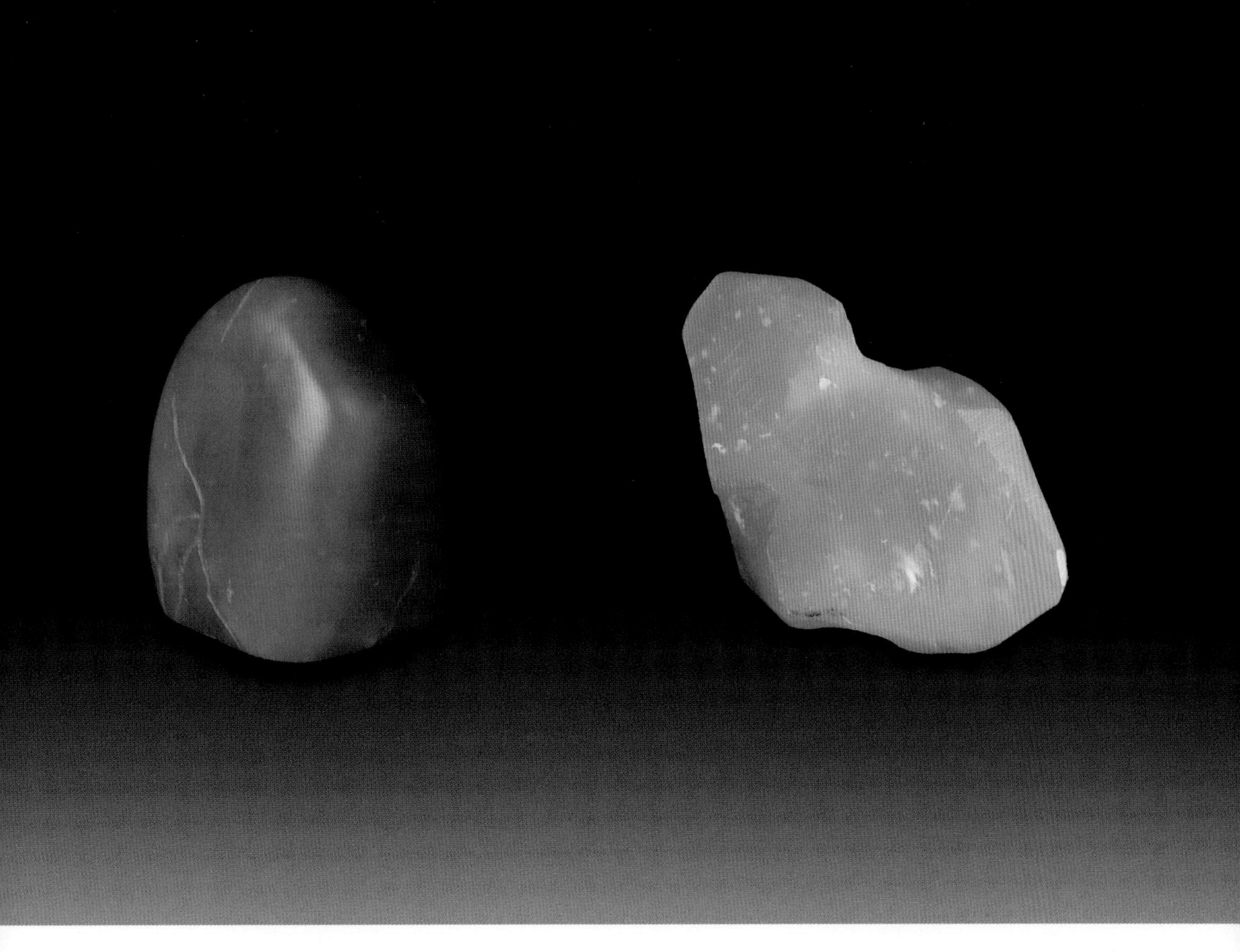

月尾艾叶绿原石　　党洋艾叶绿原石

党洋艾叶绿与月尾艾叶绿：

党洋石中石质通灵、绿中泛黄、色若老艾叶者，称为党洋艾叶绿石。清代毛奇龄在《后观石录》中记："明崇祯末，有布政谢在杭称寿山石甚美，堪饰什器，其品以艾绿为第一。"艾绿色难得，而今所见之"艾叶绿"，乃月尾洞产，其质则较松，密度不足，不及田黄芙蓉远矣。考古代所称的"艾叶绿"乃产自距寿山村数十里的五花石坑，质凝腻，色如老艾叶。明代推为寿山第一名之"艾叶绿"即产于黄巢山。笔者以为，此说有一定道理，党洋艾叶绿石质地极为细嫩而凝腻，微透明，色有浓淡深浅变幻，光泽奇佳，远胜于"月尾艾叶绿"，只因村民有"碍于风水"之说，禁采而久无产石，故世人不得见。故将"月尾艾叶绿"顶替了"党洋艾叶绿石"，此存疑尚待于进一步考证。党洋石的硬度较强，打磨后光洁如镜，以上蜡保养为宜。

一醉千年 · 林大榕 作

二号矿石

达摩 · 林元康 作
二号矿石

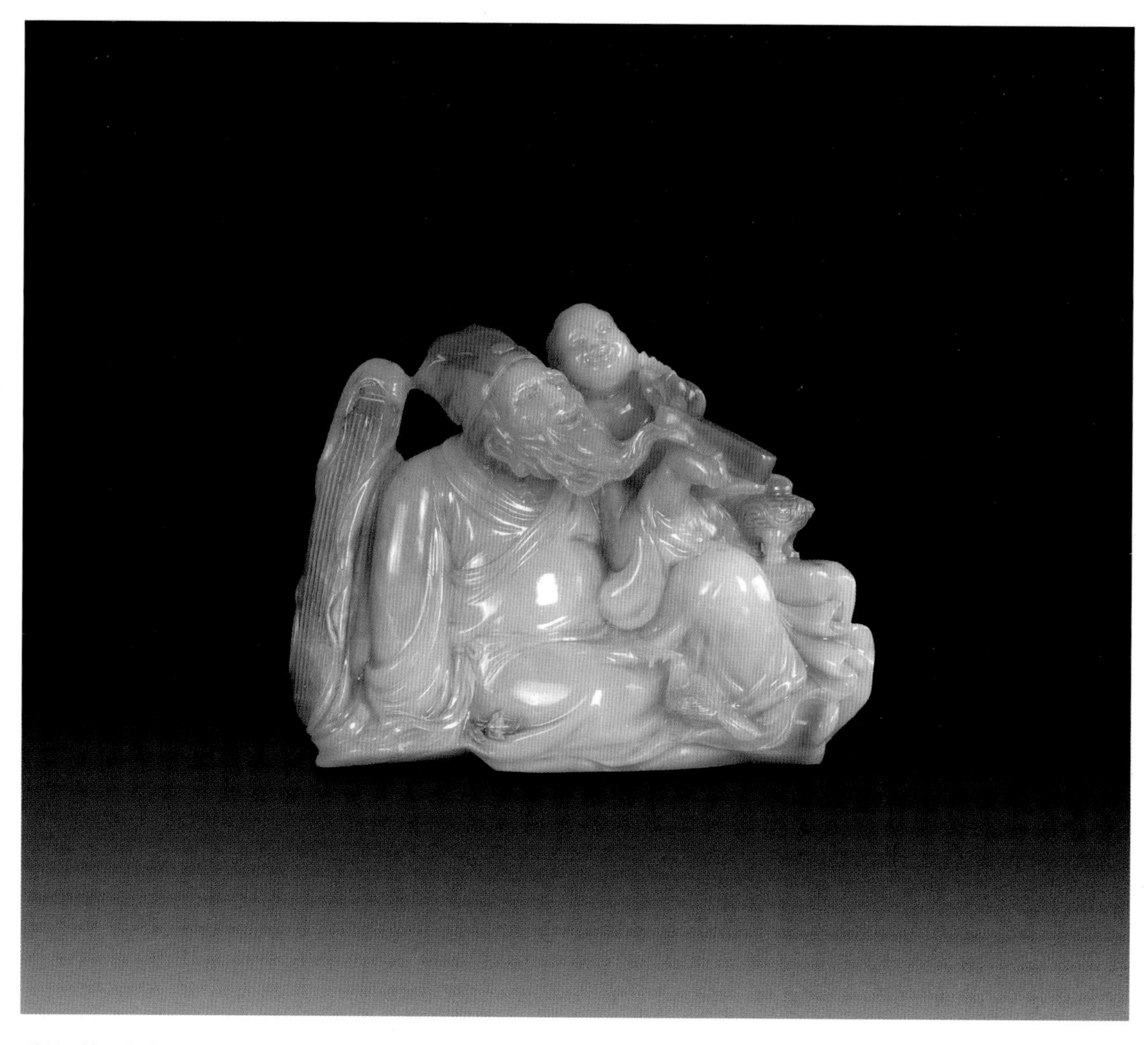

观砚 · 林元康 作
二号矿石

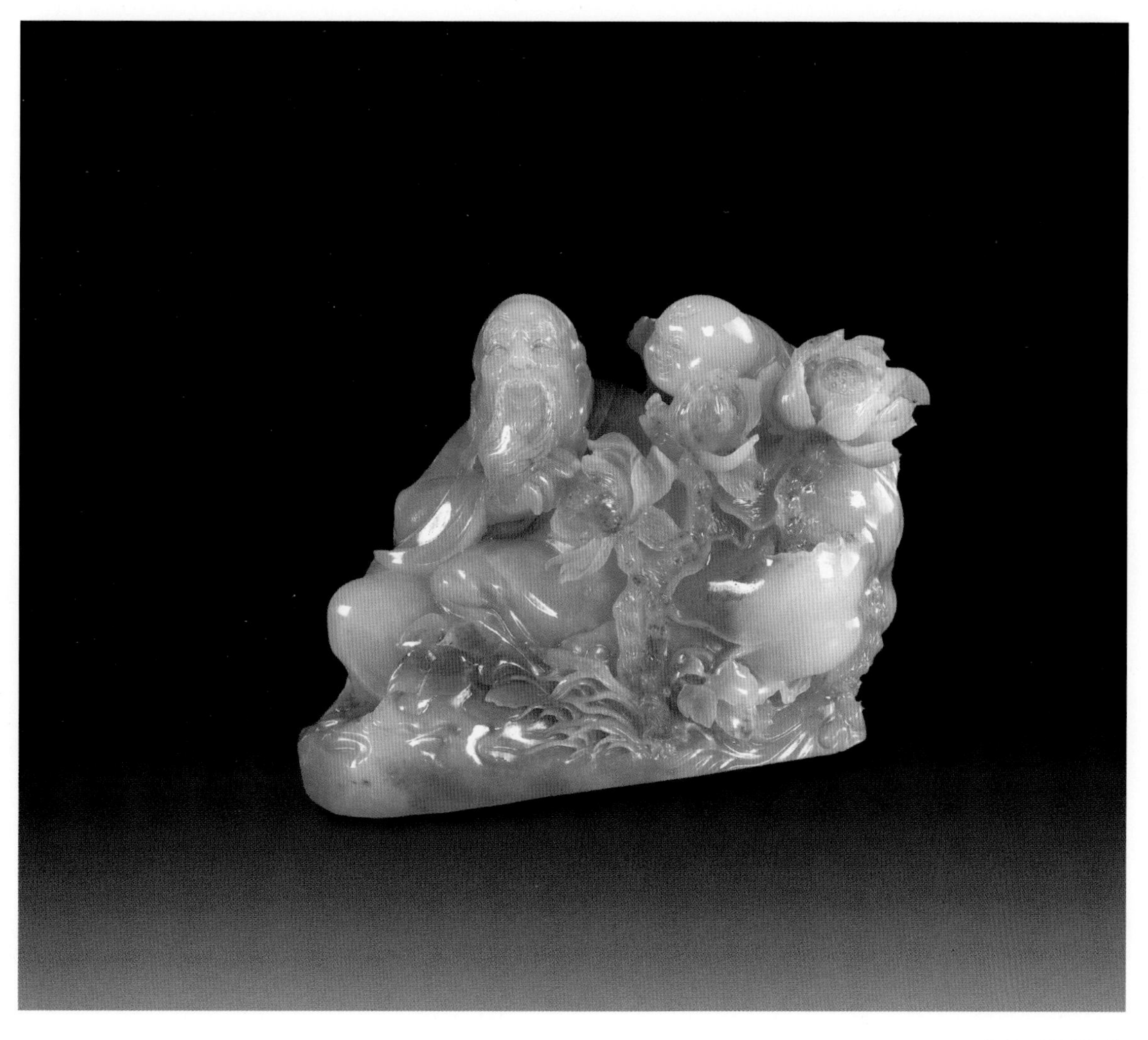

赏荷 · 林元康 作
二号矿石

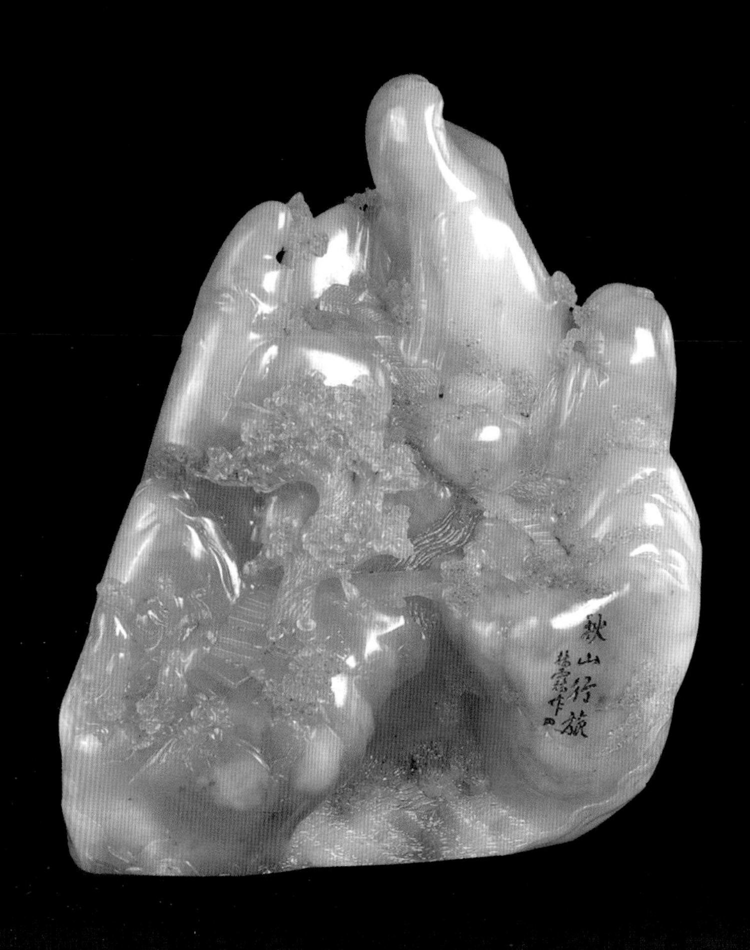

秋山行旅·林元康 作

二号矿石

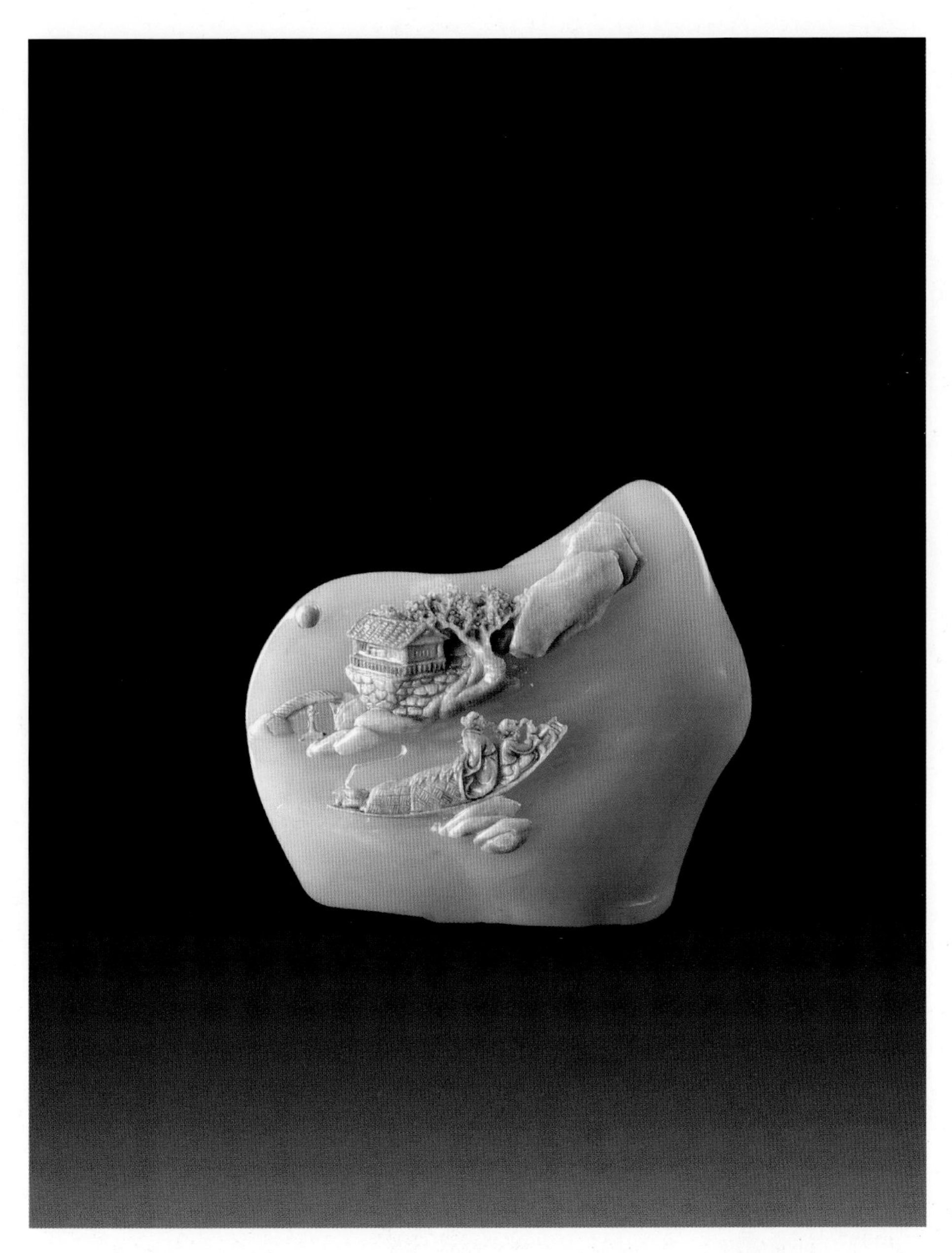

月是故乡明 · 林少虎 作
二号矿石

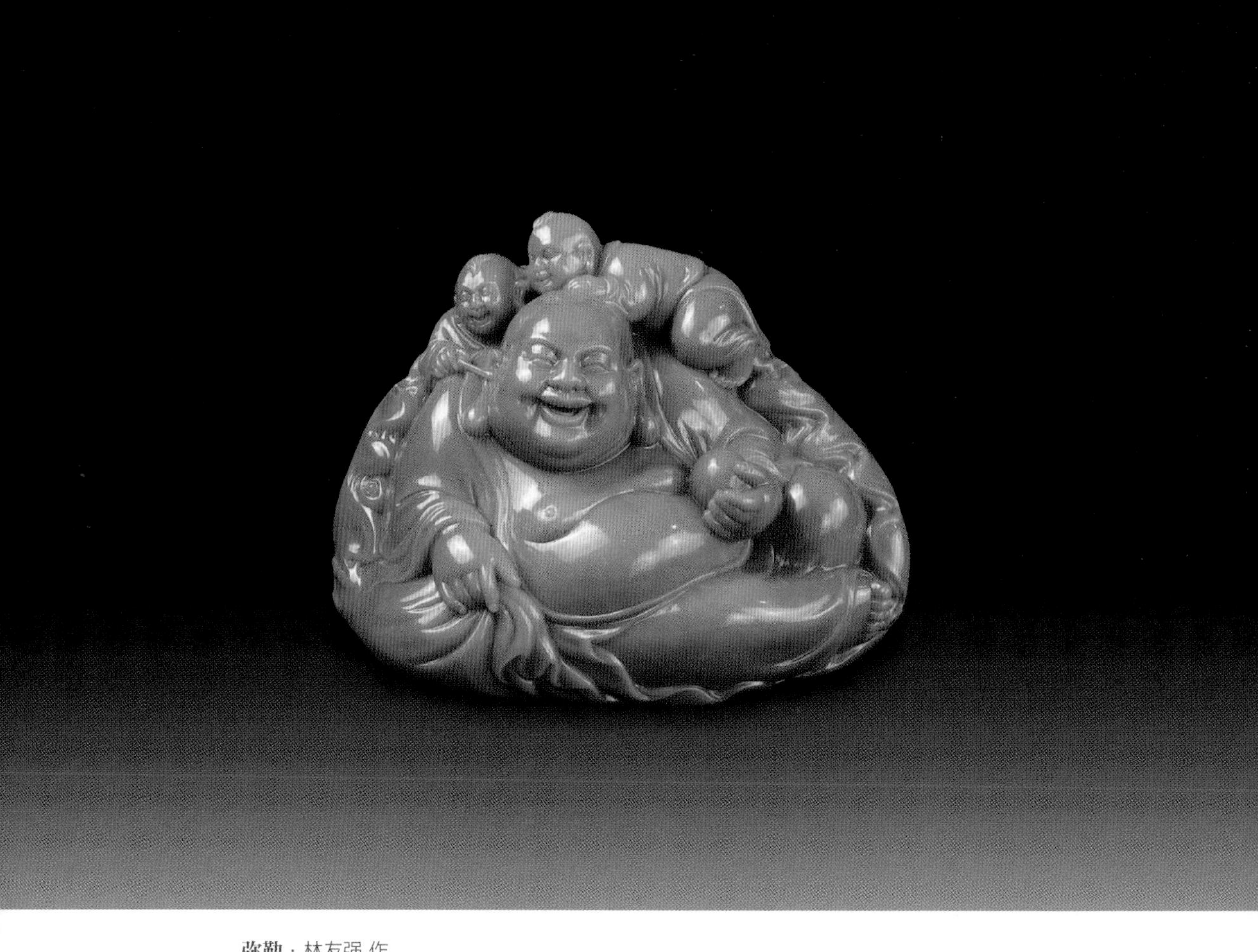

弥勒 · 林友强 作
掘性二号矿石

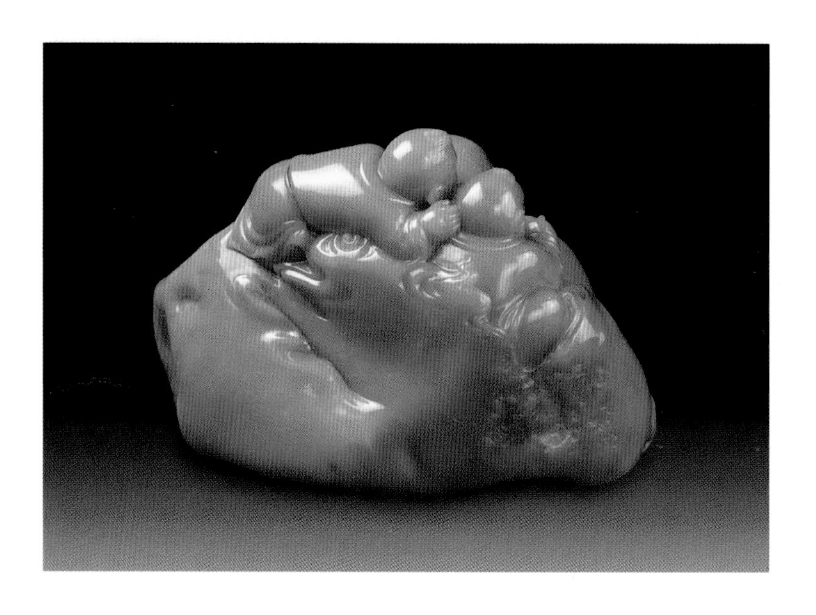

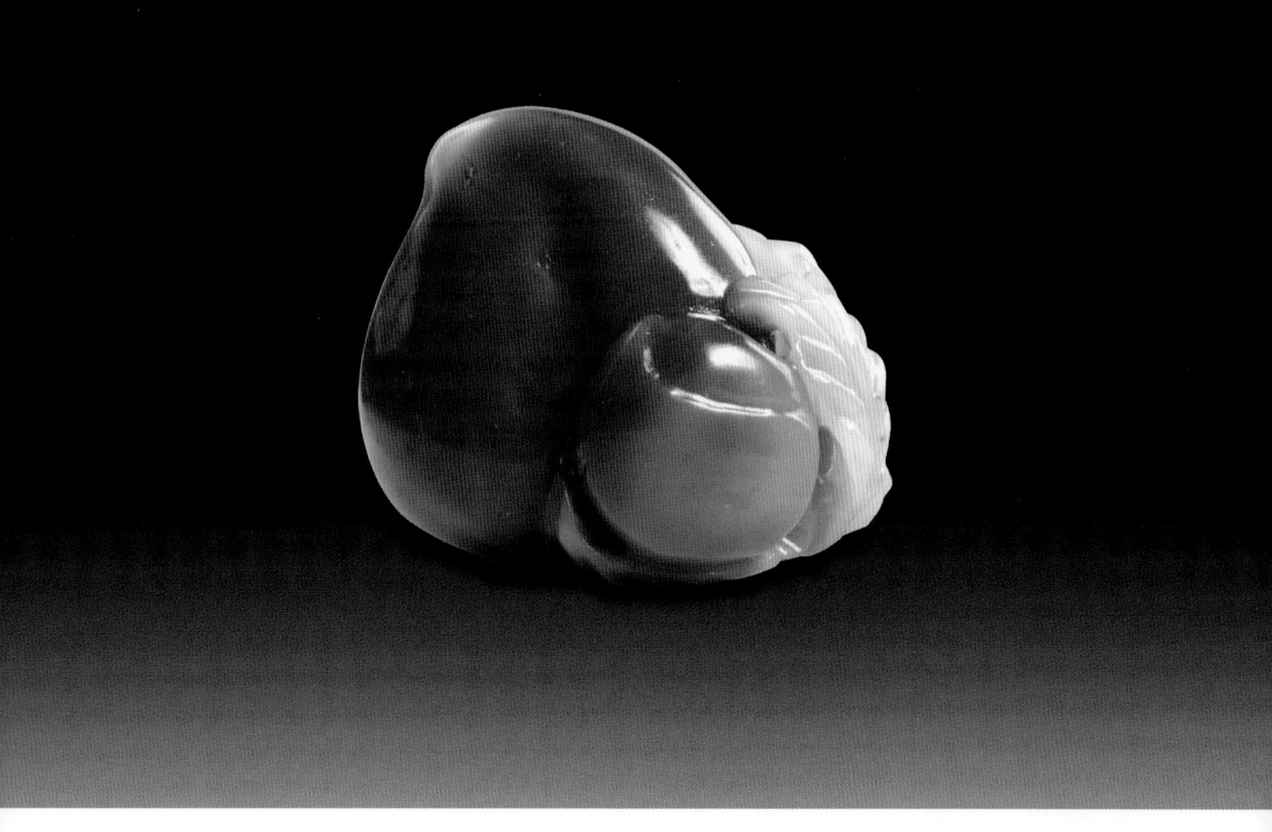

双寿 · 逸凡 作
黄枣冻石

黄枣冻石：

二号矿石中，质地通灵、色泽纯洁的带结晶体者，初始因产在黄巢山，故石农称之为“黄巢冻石”。福州市的寿山石研究会，听说黄巢山的二号矿出了不少黄色的好石，于是专程派出专家前去考察，见其黄色石如蜜枣之色，澄澄发亮十分诱人，遂定名为“黄枣冻石”。从此黄巢冻石便以“黄枣冻石”之名行于世。

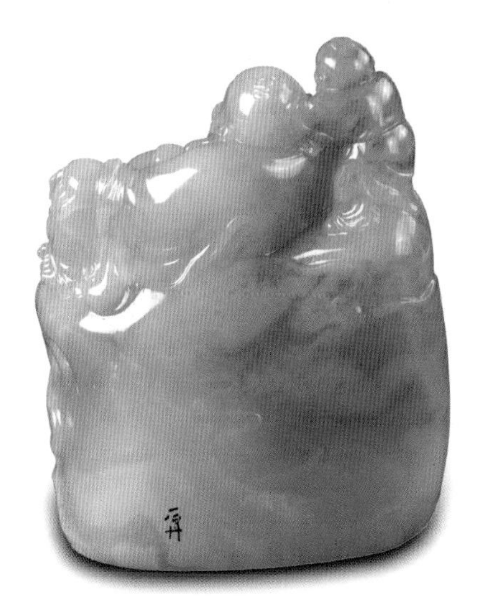

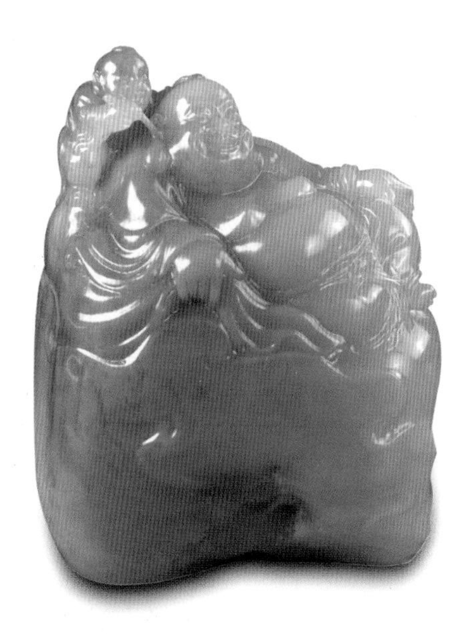

戏弥图·刘丹明（石丹）作
黄枣冻石

赤壁赋 · 刘丹明（石丹）作
黄枣冻石

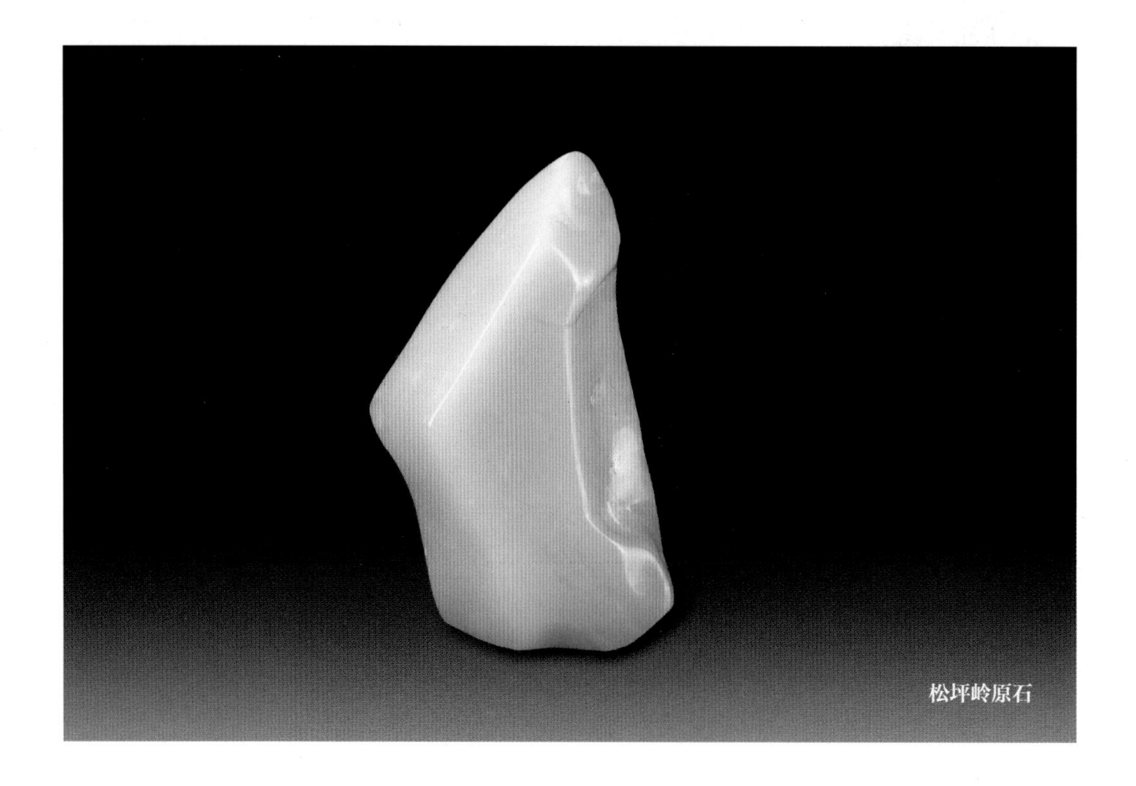
松坪岭原石

松坪岭石

松坪岭石又称松柏岭、松板岭、松毛岭石等，皆音似而口误所致，现在统一以“松坪岭石”称之。出产于寿山村北面党洋村的黄巢山，与柳岭山相邻，属黄巢矿脉。

松坪岭石的开采历史有多久不详，可查的资料是龚伦先生在20世纪30年代编著的《寿山石谱》中，有“党洋绿”与“松坪岭”的记载。其后有很长一段时间没有出石。

1992年，党洋村18位村民合股投资，从松坪岭向黄巢山方向开采，初期所出之石质地稍粗，多有红色斑，石性不够成熟，浸水多会出现裂纹，所以早期开采的石材不被看好。笔者曾见过早期开采的松坪岭石雕好的作品，在磨光过程中因要水磨，有时甚至出现整件作品散架的现象。但矿洞越向黄巢山挖掘，所出之石越佳。故其石质有粗细之分，粗者质稍碴松、不透明，质细者微透明。其上品质地相当通灵，石性接近善伯洞石，有的似奇降石。松坪岭石嗜油，油养后，石会愈加通灵色艳。其色泽有红、黄、绿、紫、白等色，或单色，或二三色相间。

21世纪初始，松坪岭矿洞向纵深采掘，渐入党洋石矿脉，所出之石极似黄枣冻石，质地通灵，肌理中偶有小结晶点或小白点，有黄金黄、淡紫、白色等，块度虽小却价值不斐。松坪岭石中新性者磨光后可上油保养，石质会逐渐变佳；石性老者，即通灵者，磨光后可上蜡保养。

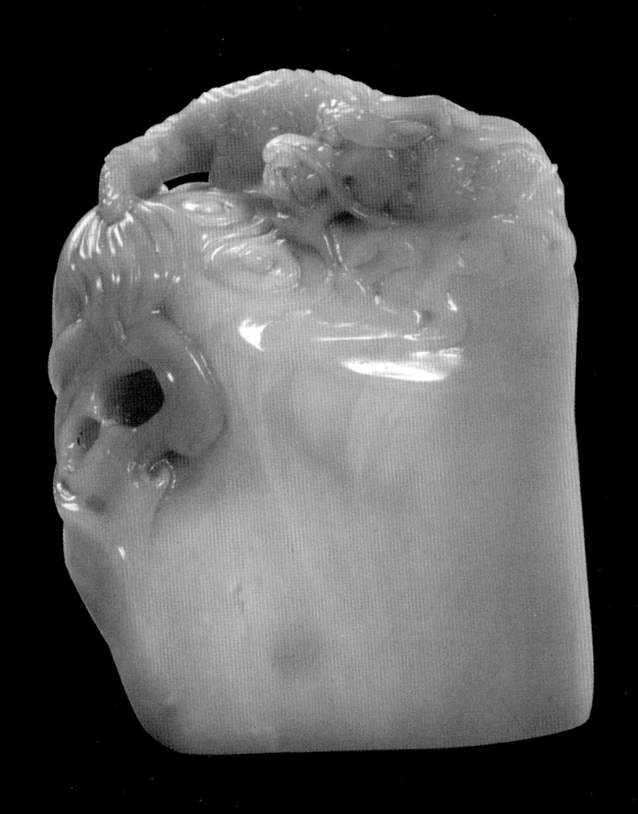

龙·逸凡 作
松坪岭石

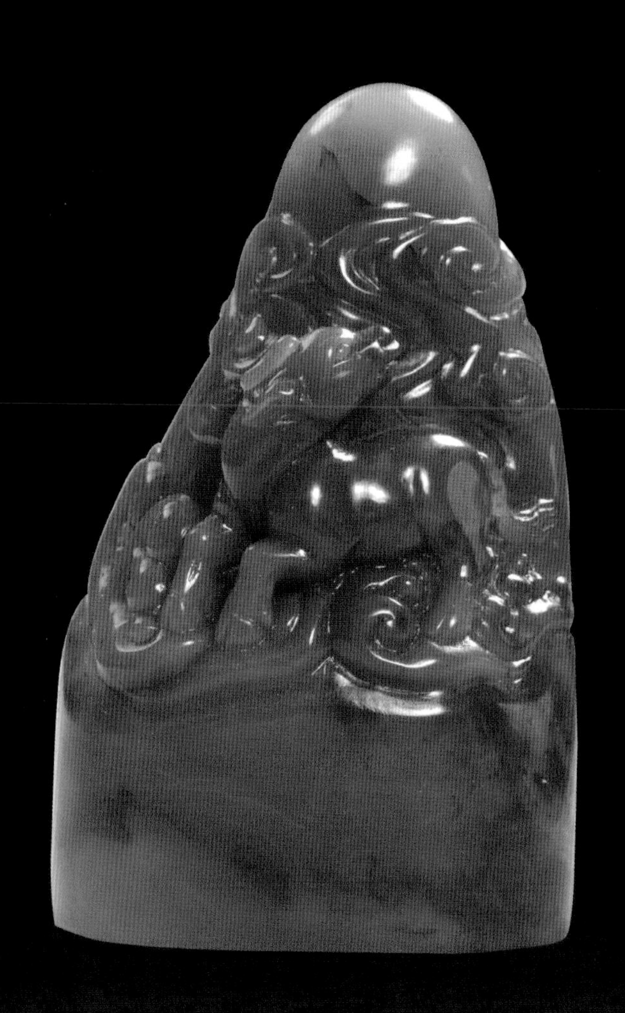

犀牛望月 · 逸凡 作
松坪岭石

罗汉·俞世英 作
松坪岭石

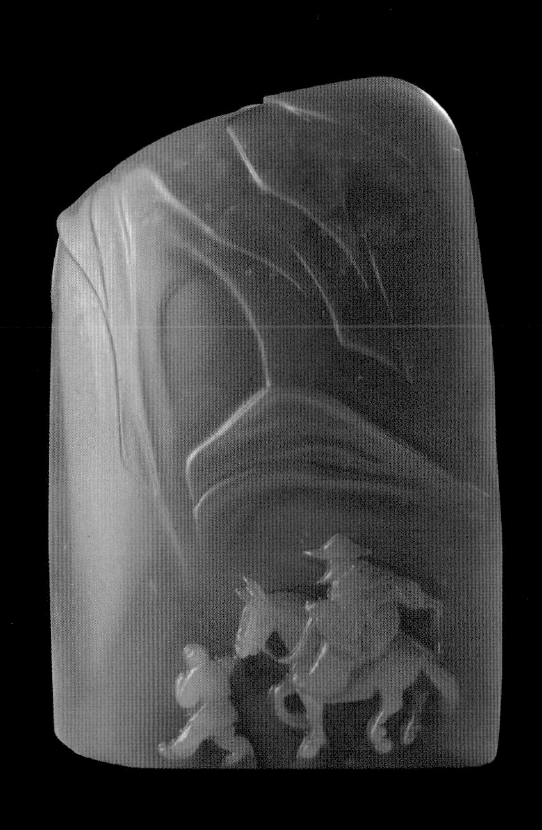

行旅薄意随形章·逸凡 作
红松坪岭石

戏狮 · 逸凡 作
松坪岭石

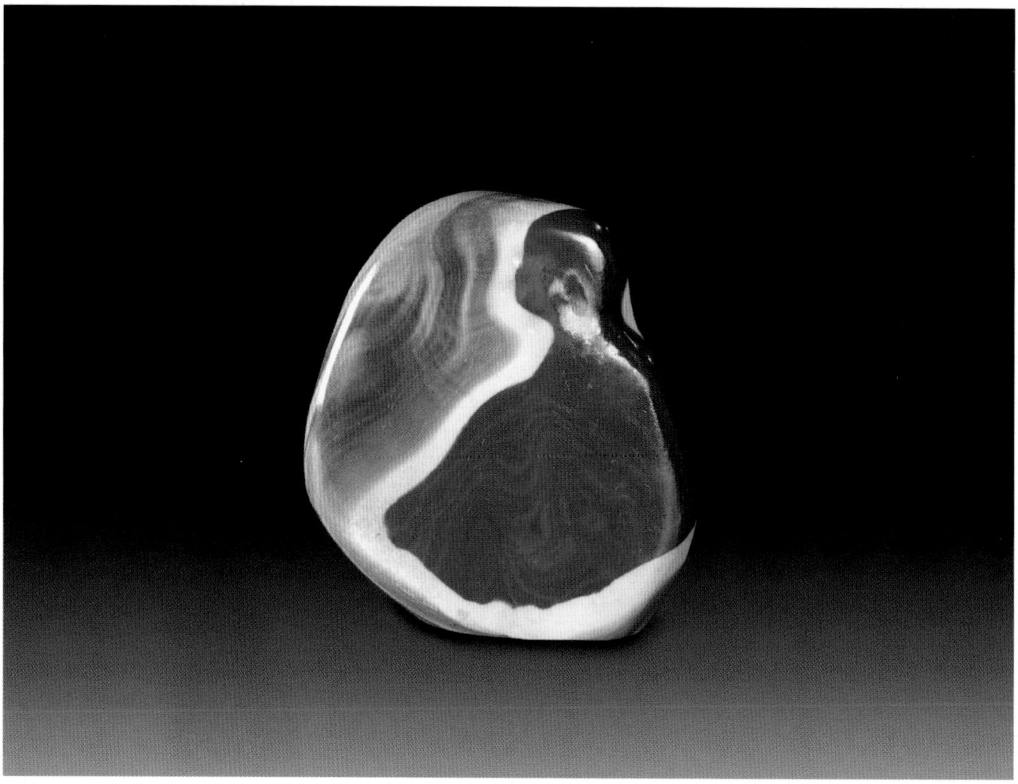

山秀园原石

山秀园石

山秀园石出产于黄巢山脉山秀园村与南峰村之间的“杉榠夹”，槅树夹山中，正好朝临山仔水库，属于黄巢矿脉，以产地附近的山秀园村命名。

山秀园村旧名“杉榠 ”，是畲族聚居的小山村，不但十分偏远，而且地处高山之巅。前往山秀园村有两条路，一个是盘山公路，一个是水路乘舟，山路道路简易，崎岖不平，颠簸不堪。水路畲山湖景色很美，但只到达山麓，要爬上巍峨的峰顶，辛苦异常。爬到半山就会感到力不从心，欲罢不能。到了山顶的山秀园村，还要翻过一道山岗才能到达矿区。

山秀园村立有一块清代的大石碑，是当年福州府地方官的告示，记载当年连江人上山偷伐杉木，被畲民发现而引起纠纷。畲民状告到福州府，于是立此碑，写明畲民所辖山地东南西北的“四至”不许外人再入内砍伐杉木。从碑中可以看出清朝政府对少数民族的保护措施，而且证实了“杉榠 ”这个旧村名。

掘性山秀园石常带
有米粒状砂质。

掘性山秀园原石

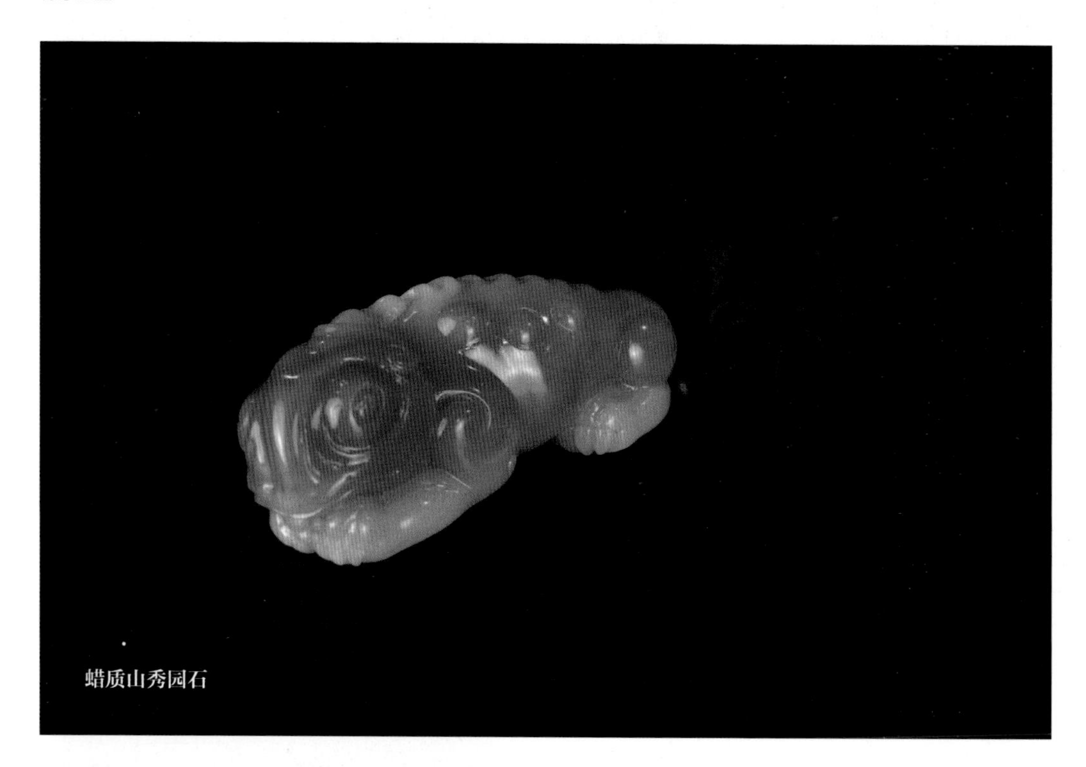

蜡质山秀园石

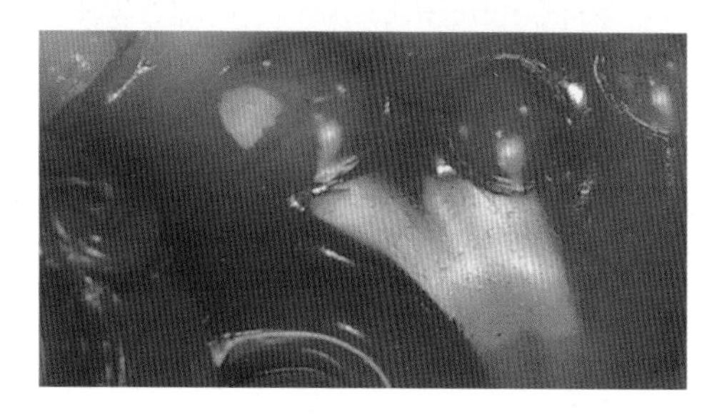

米粒状砂点

山秀园石古时曾有开采，但未见流传，直到近年村民在古洞旁重新采凿出了一批佳石才重现风采。其质地与色泽的优劣相差较大，还没有具体的名称。

优质山秀园石与芙蓉石相似，产量不丰，质地细结，微透明，有红、黄、白等色，红如蜡烛，黄似蜂蜡，石中时有黄色的米状砂粒或砂团；普通的山秀园石质地细腻稍坚，黄、白、红、棕褐、黑色相间，或成夹层状，深色石的肌理常有同类色的小砂粒；质地稍粗的山秀园石质地坚，稍干燥，不透明，含砂粒。山秀园石的色泽与纹理很有特色，在白色或黄色的石体中，有红、棕、黑等色层或相间或相夹，有的如满天朝霞，有的如山石滩下流水，饶有情趣。用于雕刻高浮雕题材作品，有事半功倍之效。

山秀园石硬度强，打磨后以上蜡保养为宜。

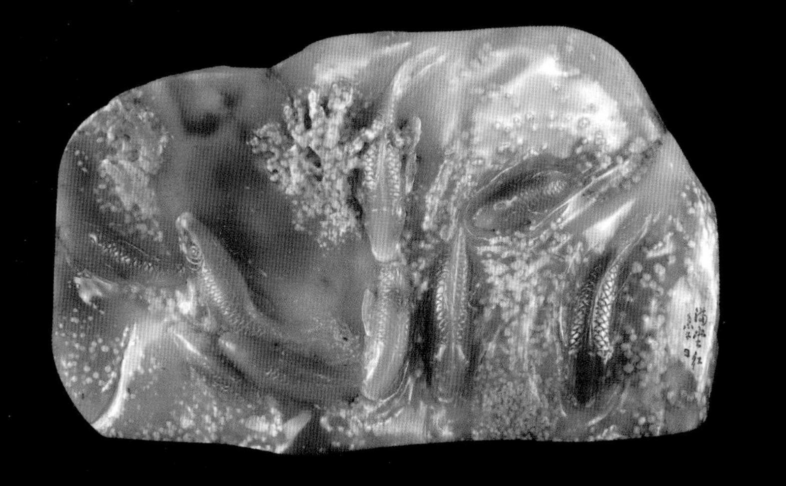

满堂红 · 叶子 作

山秀园石

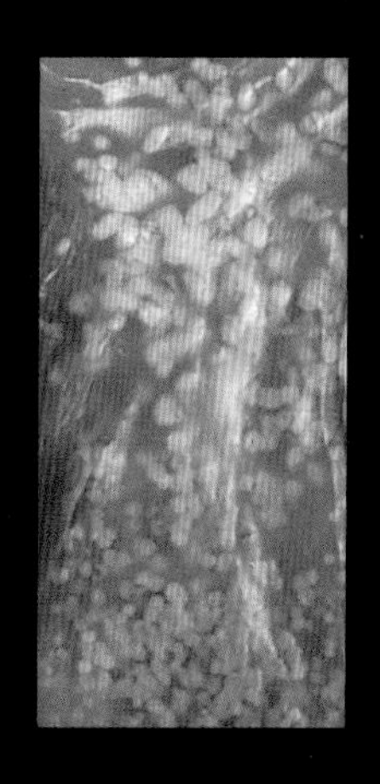

米粒状砂质

西窗情怀· 林大榕 作
山秀园石

梧桐秋思 · 叶子 作
山秀园石

凤求凰 · 叶子 作

山秀园石

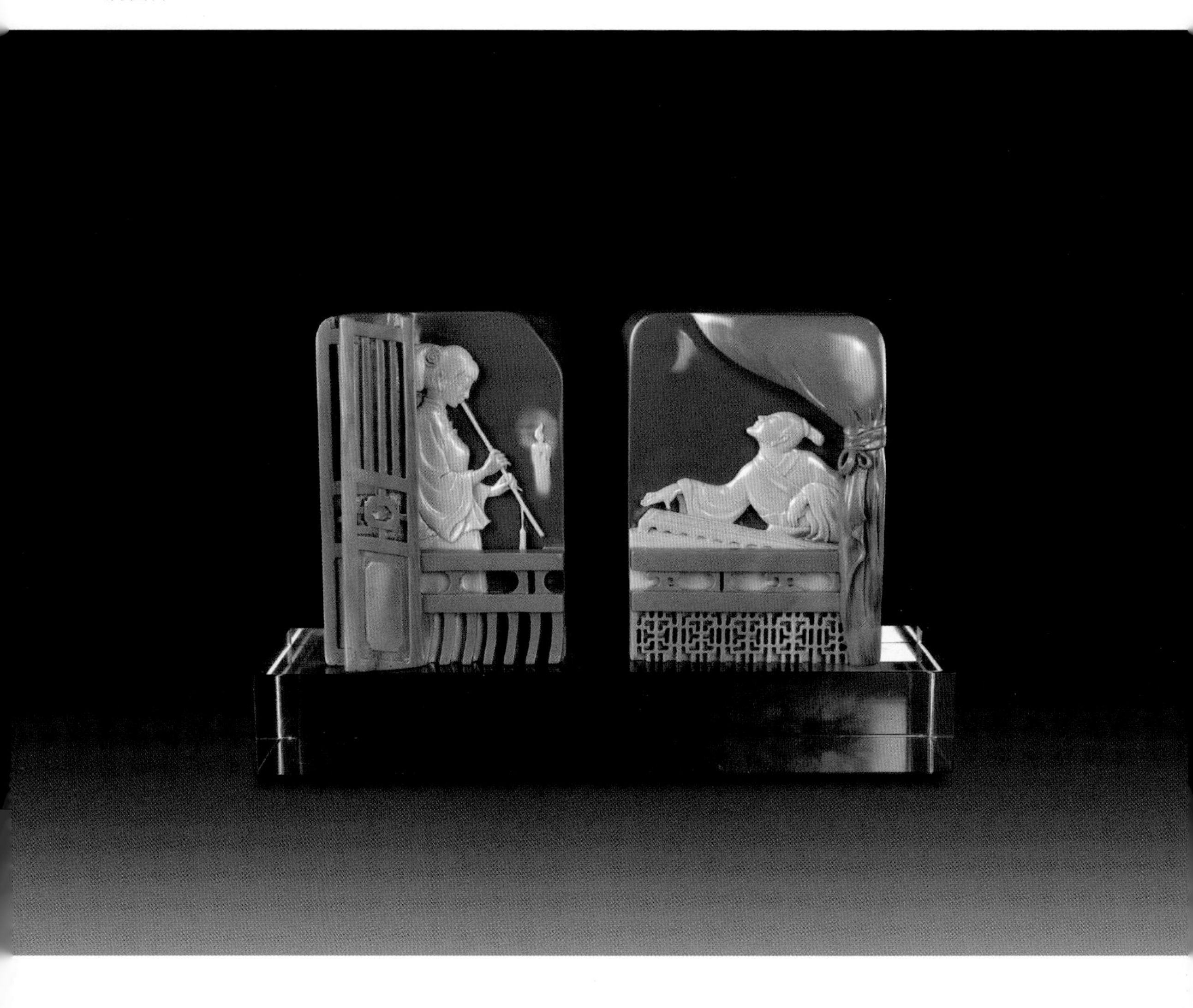

达摩面壁 · 刘文伯作
山秀园石

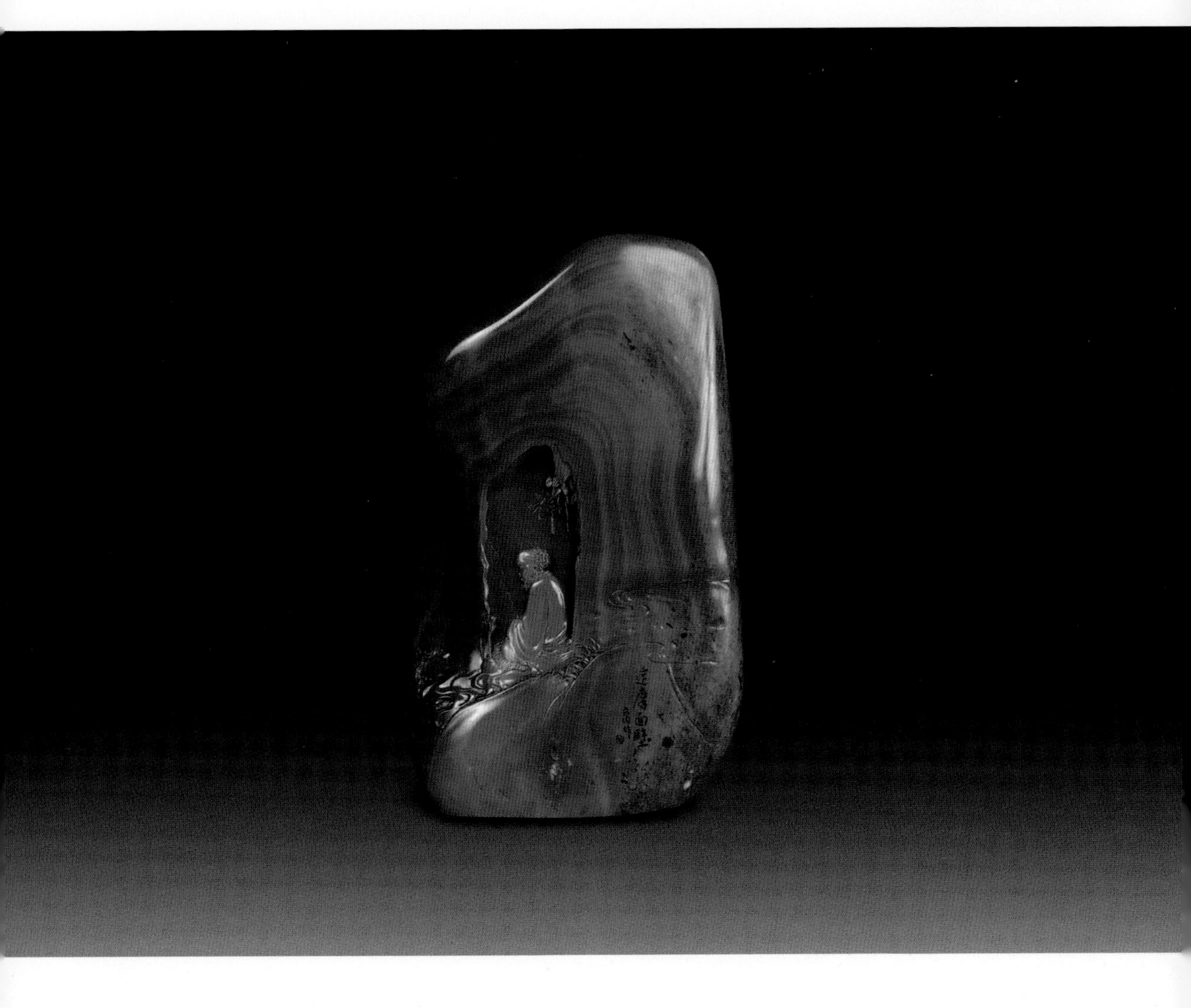

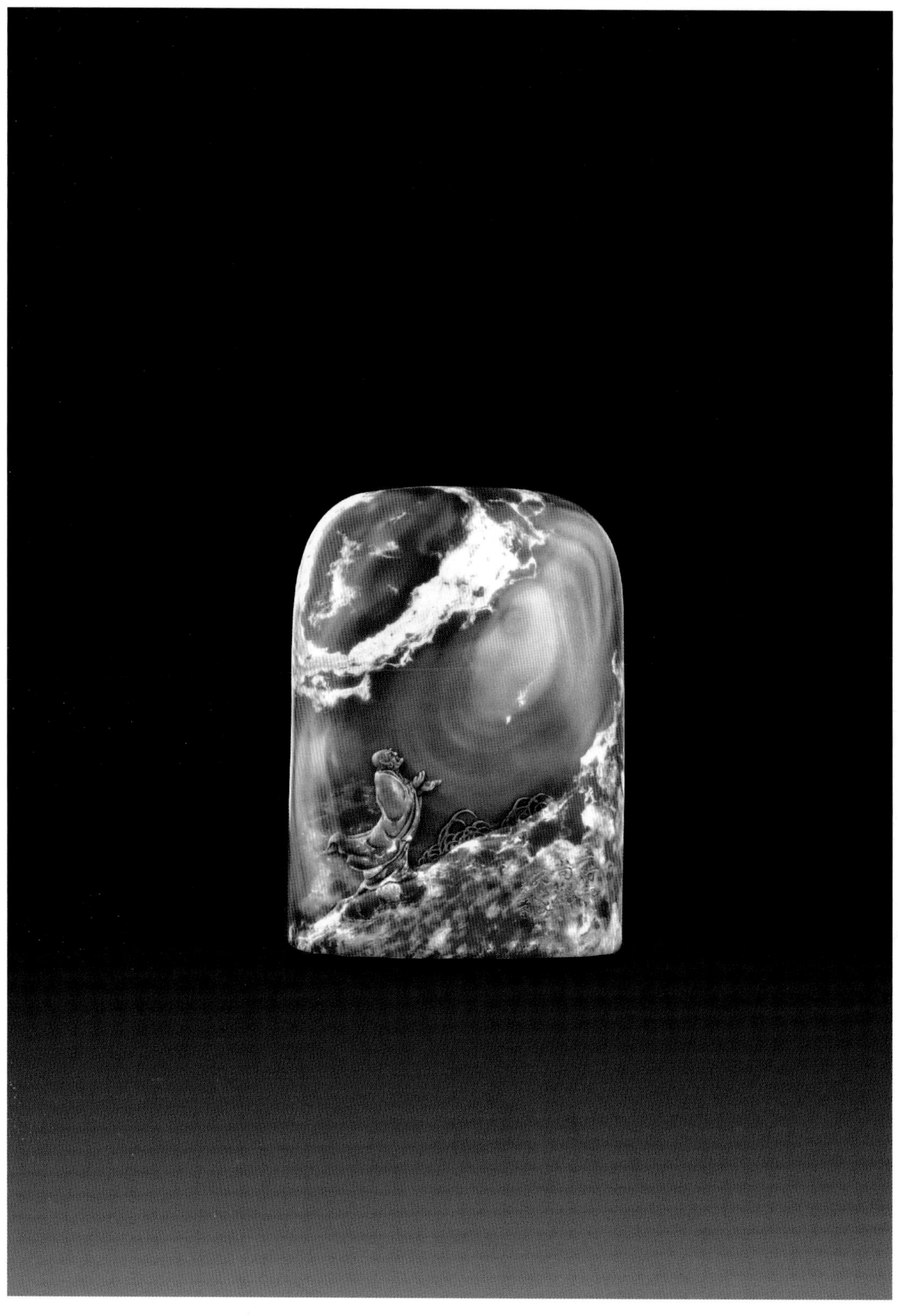

观天象·叶子 作

山秀园石

篆刻章· 吴昊 作

山秀园石

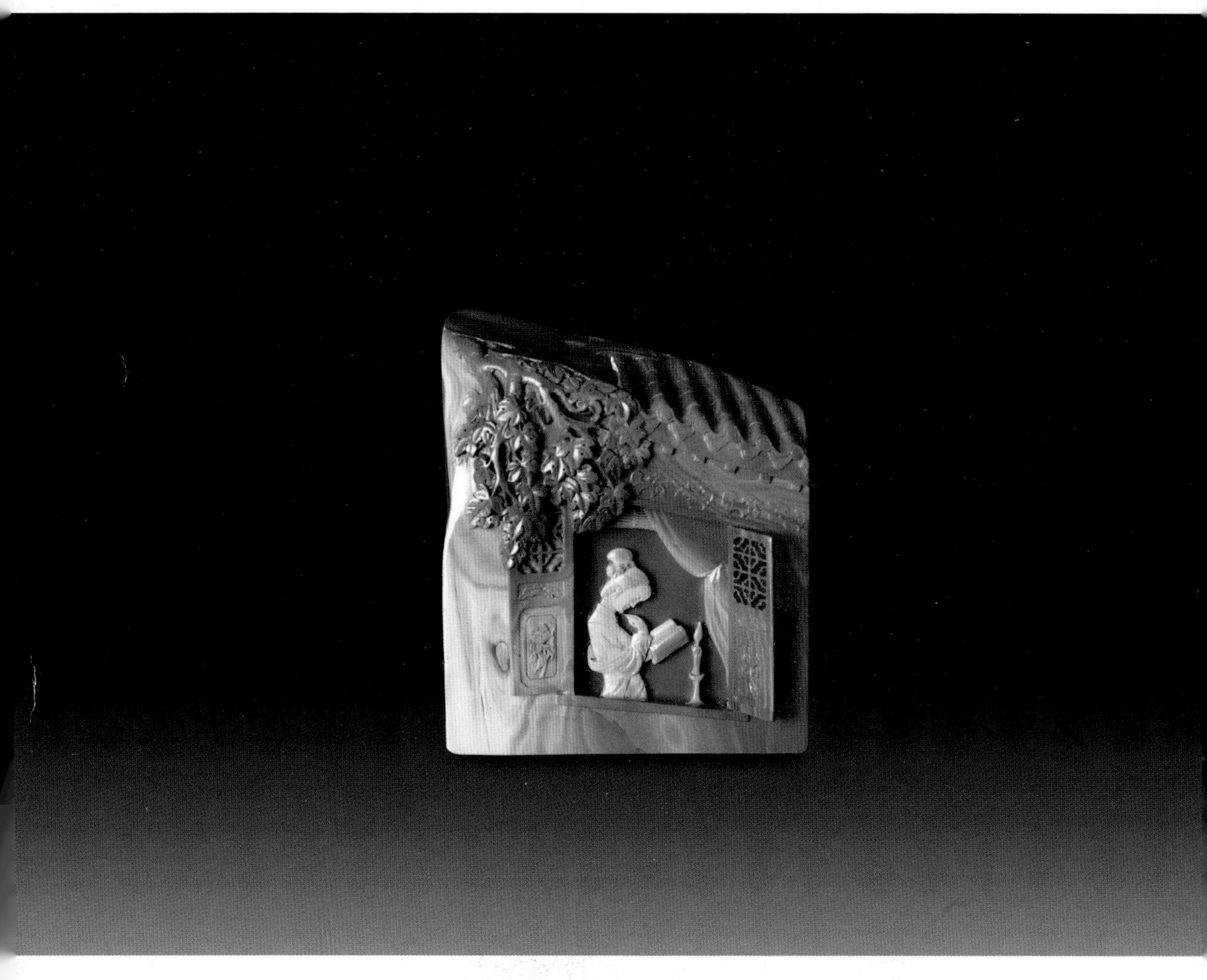

闲窗静读 · 叶子 作
山秀园石